大开眼界系列百科

高清手绘版

动物植物的360个奥秘

稚子文化/编绘

吉林出版集团股份有限公司 | 全国百佳图书出版单位

前言
Preface

　　从浩瀚宇宙中旋转的行星，到精密仪器下现身的菌落，万物都有着专属于自己的独特秘密；从原始部落里袅袅升起的烟火，到信息时代中不断飞奔的代码，历史总在我们意想不到时悄然蜕变；从史前生命进化至哺乳动物，再到人类，生命的旷世力量在漫长的岁月中蓄力爆发；从拉着马车缓慢行走，到体验飞行带给我们的便利，科学的神奇催生着一个又一个时代的变迁；从观测天象预报未来的阴晴，到淘金未果却捧红牛仔裤的巨大反转，世界因细节的改变而更加丰富多彩、魅力无限……

　　小朋友，如果你刚好对世界的每一个角落都充满好奇，如果你也像科学家一样善于观察，乐于思考，或者想知道

课本以外的广袤天地，那么，这套"大开眼界系列百科"将是你最好的选择。本套丛书分为《宇宙地球的360个奥秘》《人类社会的360个奥秘》《史前生物的360个奥秘》《动物植物的360个奥秘》四册。相对于其他的百科书而言，本套丛书中并没有太多生涩难懂的词语，而是另辟新路，采用分别列举知识点的形式来告诉孩子这个世界的千姿百态。除此之外，每一册图书都有它的主题，每一个主题精选了这一领域最令人惊奇的知识，它们可能是鲜为人知的秘密，又或是令人诧异的发现，也可能是些简单的原理揭示，相信小朋友读后一定会对这一领域有整体的认知，并激发阅读的兴趣。

书中知识话题的跳跃性较强，打破了传统百科书固有的框架结构，小朋友的思维也会跟随着阅读而不断发散和跳跃，想象力和思维能力也会得到相应的提升。另外，书中还配有颜色鲜艳、生动立体的图画，让孩子不再只面对枯燥的文字，而是在欣赏精美图画的过程中，感受知识的力量。

还在等什么？马上翻开下一页，去探索未知的世界吧！

目 录 contents

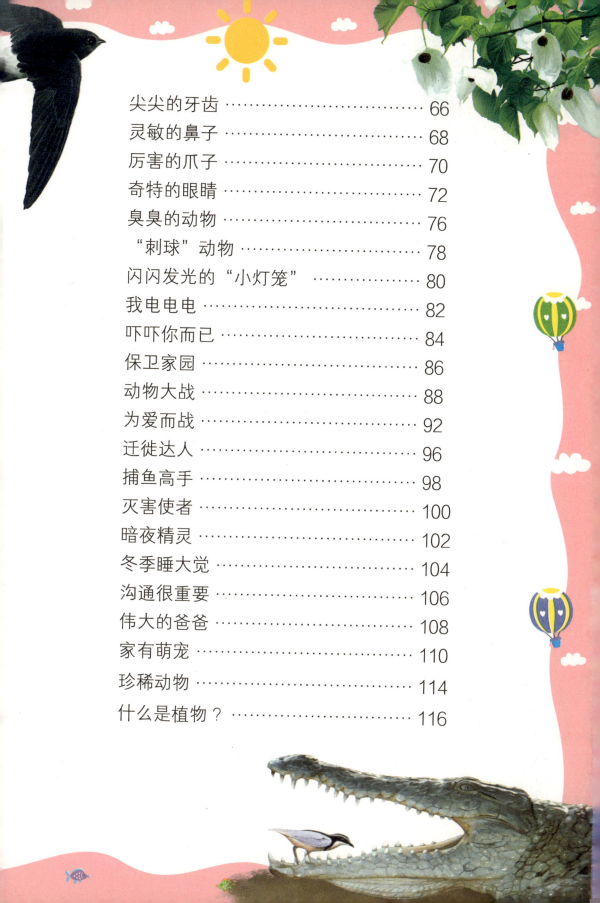

无脊椎动物

001 动物可以根据有无脊椎分为无脊椎动物和脊椎动物两大类。无脊椎动物，顾名思义就是没有脊椎的动物，是动物的最原始形态。无脊椎动物数量庞大，在世界范围内均有分布。原生动物、棘皮动物、软体动物、腔肠动物、环节动物、节肢动物、扁形动物、线形动物等都是无脊椎动物。

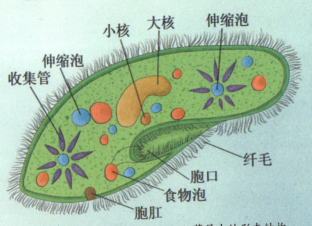

小核　大核　伸缩泡
伸缩泡
收集管
纤毛
胞口
食物泡
胞肛

▲草履虫的形态结构

002 草履虫是雌雄同体的单细胞动物，是原生动物的代表；寿命极短，要按小时来计算。

003 海绵又称"多孔动物"，是较原始的多细胞动物。它既没有头和尾，也没有消化系统和中枢神经系统。海绵全身上下的小孔其实是在充当嘴巴，孔内的鞭毛通过震动将海水收进体内，以获取氧气和营养物质。

海绵体内有不同种类的海藻共生，使其呈▶现出不同的色彩。

004 海葵是腔肠动物的一种，别看它身姿优美，实则是凶猛的肉食性动物。海葵虽然没有大脑，但单凭触手上的有毒刺细胞，就能令其他捕食者望而生畏了。

005 捕鸟蛛是节肢动物的一种。它通常在夜间活动，白天"蹲守"在网附近，一旦有猎物触碰到网，捕鸟蛛便迅速爬过来捉住猎物并分泌毒液。

▲ 蜘蛛是节肢动物，多以小型动物为食。

▼ 有的小动物被海葵的"美貌"吸引而来，却不知已经进入海葵"美丽的陷阱"中了。

9

脊椎动物

006 脊椎动物，顾名思义就是有脊椎骨的动物。鱼类、爬行动物、鸟类、两栖动物、哺乳动物都属于脊椎动物。

007 爬行动物是冷血动物，它们干燥的体表有甲或鳞片覆盖，能防止水分散失。爬行动物因为自身不能调节体温，所以喜欢生活在温暖的地方。

▲蜥蜴为爬行动物的代表，多为卵生，也有少数是卵胎生，以昆虫为食，少数也吃植物。我们熟悉的壁虎和变色龙都属于蜥蜴。

▼壁虎的皮肤很粗糙，上面有不同的颜色，还长有美丽的花纹，这些可以对它起到保护作用。

008 两栖动物的幼体生活在水中，用鳃呼吸；长大后能够到陆地上活动，主要用肺和皮肤呼吸。

◀大鲵是世界上现存最大也最珍贵的两栖动物。其叫声与婴儿的哭声十分相似，所以又被称为"娃娃鱼"。图中的大鲵正在细心呵护它的卵。

009 鸟类的身上覆盖着羽毛，前肢为翼，大多具有飞翔的本领。鸟类的骨骼较轻，这也适合它们飞翔。

▲ 蜂鸟体形小巧，羽毛一般为蓝色或绿色。它主要以吸食花蜜为食，偶尔也吃一些小型昆虫。蜂鸟的长嘴巴很适合汲取花蜜，在取食的同时还参与了授粉的工作。

010 哺乳动物是脊椎动物中最高级的种类，多为胎生，幼崽吸食母亲的乳汁长大。哺乳动物按照食性可以分为肉食性动物、植食性动物和杂食性动物三种。

炫耀的资本

011 长颈鹿的脖子是它最引人注目的特点。它的脖子长长的，看似由很多块骨头支撑着，实际上只有7块骨头，与人类一样。

012 大象的鼻子对它来说是非常重要的。它用自己的长鼻子闻、取东西吃、喝水、洗澡、交流和控制物体。非洲象的鼻子前端还有两个像手指一样的突出物，这两个突出物可以帮助它控制物体。

◀大象的鼻子不仅能把食物送进嘴里，还能将水喷洒到身上。

▼漂泊信天翁的翼展可达3米以上，它一生中绝大部分时间都在空中度过，一边儿飞行，一边儿觅食。

013 信天翁的滑翔技术可谓一流。在有风的情况下，它可以不扇动翅膀在空中滑翔数小时。

长颈鹿的脖子虽然只有 7 块骨头，但每块都比较长，所以它的脖子才很长。

长颈鹿的优势在于▶它的长脖子，能够帮助它轻松地吃到树枝上面的嫩叶。

014 鸵鸟是现存体形最大的鸟，虽然那对短小的翅膀无法助它飞翔，但一双长腿却可以令鸵鸟健步如飞。

◀ 鸵鸟跑起来速度很快，能达到每小时70千米，跨出一步就很远，这完全得益于那双"飞毛腿"。

015 骆驼可以在沙漠中行走自如，不会陷入沙地中，这主要得益于它宽大的脚掌。脚掌上厚厚的肉垫还能避免自己被滚烫的沙子烫伤。骆驼的鼻孔内有防风沙鼻膜，能够在刮风的时候自动关闭。

▼ 骆驼那两排长睫毛不仅美丽，还能防止沙子吹入眼中。

◀鹦鹉舌头的形状与人的舌头相似，很柔软，也很灵活。

017 鹦鹉有一种大多数鸟不具备的本领——学人说话。鹦鹉通过训练能够学会简单的音节，这是因为它的发声器官比其他鸟完善。

016 骆驼分为单峰驼和双峰驼。驼峰是骆驼随身携带的"粮仓"，里面储存的脂肪能够分解成养分供骆驼吸收，也能够保证骆驼适应干旱沙漠中的长途跋涉。

蹦跳"达人"

018 动物王国中的大部分动物都有属于自己的独门绝技。有些动物不仅强大，而且具有高超的跳远技巧；有些动物虽然看起来弱小，可跳远能力也不容小觑。

019 瞪羚的眼睛又圆又大，能够及早发现敌人。瞪羚受到惊吓时，会先不紧不慢地跑，然后突然跳得很高，以此来扰乱敌人的视线，并伺机逃脱。

020 蝇虎跳蛛的跳跃能力极强，除了正常捕食过程中反应灵敏外，即使是倒行在天花板上，也可以跳跃捕食，并且十分精准。

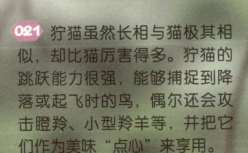

021 狞猫虽然长相与猫极其相似，却比猫厉害得多。狞猫的跳跃能力很强，能够捕捉到降落或起飞时的鸟，偶尔还会攻击瞪羚、小型羚羊等，并把它们作为美味"点心"来享用。

022 青蛙的眼睛鼓鼓的，再加上爬行动作迟缓，看起来有些笨拙。可是，当你走近它时，它会猛地一跳，纵身跃入池塘，然后以最标准的蛙泳姿势向对岸游去。

◀青蛙跳跃时的高度足有它自己身长的十几倍。

▼狞猫的栖息地很广，它居住在干草原和半沙漠地带，但在林地、灌木林等地也可以看到它的身影。

▼ 袋鼠喜欢蹦蹦跳跳地走路，轻轻一跃就能跳两米多高、十多米远。

原来如此

　　袋鼠是澳大利亚国宝级动物，在澳大利亚的国徽及部分货币上还印有袋鼠的图案。袋鼠永远只会向前跳，不会向后退。澳大利亚人希望自己也能像袋鼠一样，拥有永不退缩的精神。

023 袋鼠主要生活在澳大利亚大陆及周围的岛屿上，通常以群居为主。它除了身上长有奇特的育儿袋之外，还有一个十分有趣的特点——不会行走，只会跳跃。当然，袋鼠也能在前腿或后腿的帮助下奔跳前行。

024 在袋鼠家族中，红袋鼠是跳跃冠军，能够以每小时 40 千米，甚至更快的速度向前跳跃。袋鼠所生活的区域多是干旱的沙漠地带，为了寻找食物和水源，它们常常要跋涉到很远的地方。

选美大赛

025 维多利亚冠鸠生活在新几内亚的雨林中，以水果、种子和蜗牛为食。它有一项由薄纱状的羽片构成的精美的"凤冠"。

▲ 维多利亚冠鸠也是世界上最大的鸠。

026 雄性孔雀蜘蛛发现心仪的对象时，就会向其展示自己美丽的色彩和条纹，直到达到目的才肯罢休。

◀孔雀蜘蛛是一种极小的蜘蛛，因能够像孔雀一样开屏而得名。

027 对鸟儿们来说，华丽的五彩羽衣是求偶的重要资本。生活在新几内亚雨林中的雄性天堂鸟便是拥有傲人羽衣的鸟类之一。它艳丽的羽毛装点着身体最瞩目的位置——像宝石一样闪亮的胸口、五彩斑斓的双翅和瀑布般垂落的长尾，我们都为之倾倒，更何况是寻觅"良人"的雌鸟呢？

▲雄性天堂鸟在求偶的时候会向对方炫耀自己艳丽的羽毛和优美的舞姿，对方会很快被它深深吸引。

与此相关 大多数鸟类都能飞行的原因，除了翅膀的功劳外，中空的骨骼也极大地减轻了鸟类自身的重量，让它们飞行得更容易。

028 雄性琴鸟的表演技术堪称一流。它会展开那薄如蝉翼的长尾巴翩翩起舞，还会模仿各种鸟的叫声，甚至还能模仿来自大自然和人类社会的各种声音。看来琴鸟不止美丽，还是鸟类中的艺术家呢！

与此相关 鸟类每年至少经历一次羽毛更新过程。

▼琴鸟的尾羽向前展开，与竖琴很像，因此得名。

029 凤尾绿咬鹃是南美洲丛林中最漂亮的鸟，外表极其华丽，不同的角度呈现的羽毛，会有不同的颜色，甚至还会显现出金属光泽。值得一提的还有凤尾绿咬鹃细长的身体，其身长可以达到70厘米呢！

凤尾绿咬鹃是热带雨林 ▶ 中的攀禽，一般以树洞作为自己的巢穴。

变色外衣

030 变色龙拥有超乎寻常的变色功能。事实上，变色龙改变身体的颜色不单单是为了伪装自己，体色的改变也反映了变色龙的心理变化。同时，它们彼此间也利用改变体色来传递信息。

▼ 变色龙

▼章鱼

031 章鱼算得上海洋中最聪明的动物，它的眼睛能够分辨色彩，从而调整自己身体的颜色，这就是它保障自身安全的"独门秘籍"。

▼光明女神蝶又叫海伦娜闪蝶，被誉为"世界上最美的蝴蝶"，是很稀有的。

032 光明女神蝶主要分布于南美洲北部的热带雨林。它通身呈现出一种紫蓝色，美丽的翅膀能够在天蓝色至紫蓝色之间不断变化，整个翅面像一串亮丽的光环，体态婀娜，所以有"女神"之称。

花斑外衣

093 不同种类的豹，身上的斑点是不同的，比如金钱豹的斑点形似中国古时候的铜钱，美洲豹的斑点中间还有小黑点。

◀ 豹身上的斑点能够将它与周围环境混淆在一起，很难被发现。

094 黑白花奶牛是我国主要的奶牛品种。最具有辨识度的便是它身上黑白相间的花纹，使得它在庞大的奶牛群体中脱颖而出。除此之外，黑白花奶牛所产出的牛奶营养丰富，是现代乳品工业的重要原料。

与此相关 长颈鹿除了高高的个子和长长的脖子比较显眼外，一身花斑网纹也很惹人注目。浅黄底色加上形状不同的网纹形成了天然的保护色。

黑白花奶牛也叫中国荷斯坦奶牛，是国外优秀的荷斯坦牛与本地母牛的杂交品种。 ▲

095 斑点狗在出生的时候是白色的，斑点随着它的成长而发生变化。在幼年时期斑点并不明显，长大后斑点才成为它的标志。

▲ 斑点狗也就是大麦町犬，早在古希腊及古埃及的雕刻和壁画中就已经出现，被公认为世界上最优雅的一种狗。

096 雪鸮（xiāo），是鸱鸮科的一种大型猫头鹰。在白雪皑皑的冻原地带，一只从空中俯冲下来搜寻食物的雪鸮是很难被发现的，它黑白色的"衬衫"能有效地迷惑敌人，也便于藏身。不仅如此，为了御寒，雪鸮的腿上和脚上都长出了厚厚的白色羽毛。

◀这身衣服是雪鸮潜行捕猎的重要武器。

097 每一匹斑马的条纹都是不同的，就像人的指纹一样，斑纹便是它们相互辨别的方式之一。斑马身上的条纹也是它的保护色，在光的照射下能够反射不同的光线，这样它的轮廓就显得模糊，使猎食者很难分辨。

斑马因身上的斑纹得▶名，是马科家族中唯一有条纹的种类。

038 老虎通常在黄昏时捕猎，那时夕阳的余晖照射着它，皮毛上的条纹就会与周围植物很好地融合在一起，便于它悄悄靠近猎物，进行突袭。

▲老虎身上漂亮的条纹便于它伪装与躲藏。

完美伪装

039 关公蟹是一种小型蟹类，它的甲壳很小，几乎没有什么厚度可言，所以蟹体很薄。但它的力气却很大，关公蟹能够利用自己短小的步足抓住比自己体形大的贝壳和石块，并将它们背在自己的背上，这样能够起到很好的伪装效果，不会轻易被猎食者发现。

040 这是一只叶海龙，如果不仔细观察，你一定会把它误认为一团在水中漂浮的水草。事实上，这些类似于海藻的部分是叶海龙的附肢，能够帮助叶海龙伪装，躲避猎食者的攻击。

▲ 关公蟹

◀ 叶海龙没有牙齿，用像吸管一样的嘴巴将食物吸进肚子里，主要以小型浮游生物和甲壳类为食。

041 三趾树懒终年都在树上生活，是世界上行动最缓慢的动物之一。它平均每分钟移动2.7米，常常数小时不移动，所以很难被猎食者发现。除此之外，三趾树懒的皮毛中能长出绿藻，这使它更容易隐藏在枝繁叶茂的树冠里。

三趾树懒的生活习性也很特别，它几乎是一出生就将自己的身体悬挂在树上。 ▶

042 枯叶蝶飞舞时，翅膀的背面是如同绸缎一般的黑蓝色，十分华丽。而当它停在某一株植物上时，翅膀的腹面则呈现暗淡的古铜色，像一片飘落的枯叶。这样的伪装使天敌一时间对其难辨真伪。枯叶蝶虽然不能与天敌一决胜负，却躲闪得相当巧妙。

◀独特的外表使枯叶蝶非常安全。

043 蟹蛛是伪装高手，它的体色随着生活环境的改变而发生变化。生活在地面上的蟹蛛，体色通常与泥土、石块的颜色相近；而活动在叶片或是花丛中的蟹蛛，体色便与叶片或花朵相仿。这样的伪装便于它获取猎物和躲避敌害。

▲ 蟹蛛在等待美味"点心"的到来。

044 角蝉对模仿这件事十分擅长。一些角蝉有着类似于其他动物的"角"，甚至要更引人注目。在我们看来，这样突出的特点一定会引来"杀身之祸"。结果却恰恰相反，它利用这种特点来模仿枯树叶。当几十只角蝉停在树上时，它们会保持距离，看上去则更像一根树枝。

◀ 角蝉是一种喜欢生活在树上的小虫子。

045 树螽（zhōng）不擅飞行，在热带更为常见。它的外形与叶子极其相似，树上、灌木丛，甚至是草丛中都有它的身影。树螽能够很好地与周围的环境相融合，避免自己遭到猎食者的捕杀。

◀ 树螽的外形就像一片叶子，起到伪装的作用。

原来如此

树螽喜欢在夜间活动，活动范围在树上或草丛中，能像蟋蟀一样发声。

046 林鸱（chī）是动物世界中的伪装大师，任何一根树桩或树枝都能成为它的家。不必担心露天的家会不安全，因为林鸱的羽毛就是它的天然保护伞。当林鸱在树桩上停驻时，两者便融合为一体，是树桩还是林鸱，还真分不清楚呢！

▲ 林鸱是种胆子比较小的鸟儿，白天通常不活动，只有到了夜间才去捕虫吃。

原来如此

当有猎食者前来时，林鸱便会立刻将自己"冻僵"，并保持这一姿势直到猎食者离开。

叶虫会在自己的身体边 ▲
缘伪造一些被咬过的痕
迹，用来迷惑猎食者。

047 叶虫因与叶子的样子十分相似而得名。虫类中，叶虫算得上比较"聪慧"的一种。在爬行时，叶虫会边爬边摇晃身体，不仔细看，还以为是风中摇曳的绿叶呢！

▲ 藤蔓蛇

048 藤蔓蛇的身体柔软，它将自己绕在树上，伪装成藤蔓，这样捕食的成功率会大大增加。

049 兰花螳螂是它们种族中最为漂亮和抢眼的一类，不仅身体的颜色及部位与兰花十分相像，而且身体还能跟随花色的深浅来进行调整，在骗过猎食者的同时，也为自己的捕食提供了方便。

守株待兔是兰花▶螳螂的最佳捕食方式。

逃跑专家

050 如果猎食者咬住了螃蟹的一条腿，在挣扎无果的情况下，螃蟹便会放弃那条腿，因为断掉的腿会重新长出来，还是逃命更要紧。

▲螃蟹的一对螯用来捕捉猎物，四对足用来行走。

▼龙虾有一对螯和四对足，螯是用来捕获猎物的工具，常常捉一些小鱼小虾。

051 龙虾的那一对"大钳子"看起来好像十分厉害，但在紧急情况下，龙虾也会选择丢弃腿或螯等部位为自己的逃跑争取时间。

052 壁虎在危急情况下会折断自己的尾巴——断尾仍能蠕动，看上去就像一条美味的蠕虫，能够分散猎食者的注意力——然后趁机逃走。壁虎在抛下断掉的尾巴之后，新的尾巴还会再长出来，所以根本无须担心它会没有尾巴。

壁虎主要在夜间活动，捕食飞▶
蛾、蚊子等害虫，白天则躲在
隐蔽的地方休息。

053 在紧急情况下，海参会抛出自己的内脏来迷惑猎食者，分散其注意力，从而为自己的逃跑制造机会。海参的再生能力较强，几十天后又会长出新的内脏。

原来如此

海参是一种夏
眠动物，会睡上整
整一个夏天，到了
秋天再醒过来。

海参是海洋中的▶
一种棘皮动物，
全身长满了肉刺。

致命杀手

054 大白鲨堪称海洋世界里的王者，不仅对生活在海洋里的动物们是极大的威胁，就连聪慧的人类也要对它"礼让三分"。大白鲨对于"捕食"这件事非常积极，通常情况下，只要被它咬到，就很难挣脱——除非是它想要放过猎物——不过，这多半是大白鲨的诡计，因为它会等到猎物失血过多死亡后再返回进食。

▲ 大白鲨三角形的尖牙令猎物无法逃脱。

尽管大白鲨的杀伤力极强，但仍未逃过人类的捕杀。大白鲨的繁殖也很慢，其数量正在急剧减少，已经被列入濒危物种红色名录。

▼大白鲨找到猎物后，便会张开血盆大口，咬住猎物不放。

▲大白鲨的嗅觉极其灵敏，哪怕海水中只有一点点血腥味儿，它都能找出源头。

055 在远处观察盐水鳄，大部分人会将它误认成浮在水面上的木头，然而它可是最危险的"杀手"。盐水鳄可以在水中保持静止不动的状态，等待猎物自己送上门。一眨眼的功夫，它会突然扑向猎物，然后将其拽到水中杀死，最后开始享用"美味"。

◀ 盐水鳄

056 蚊子的外形很难让人联想到"杀手"这个词。不过，蚊子的确是致命杀手之一，因为它携带病原体，会传播疾病，每年都有很多人因被蚊子叮咬感染疟疾而死。

◀ 并不是所有蚊子都吸血，雄蚊不会吸血，雌蚊才吸血，雌蚊吸了血才能具备繁衍后代的条件。

057 眼镜蛇因膨胀的颈部后面呈现出眼镜一样的花纹而得名。它性情凶猛，是一种攻击性极强的蛇，谁不幸被它咬伤，轻则致残，重则死亡。

◀眼镜蛇如果被激怒，便会直立起身体前端，膨大颈部，恐吓对方。

058 芋螺看起来没什么可怕的地方，可事实上它却是一个分外危险的杀手。低调的芋螺并不炫耀自己，但是它在捕杀猎物时，它的齿舌能向猎物注射毒液，令猎物麻痹，甚至死亡。

▲芋螺也被称为鸡心螺，多生活在暖海。

059 如果你在海里见到下面图片中那样的"石头"，可千万别踩上去或是出于好奇将它捡起，因为它是极其善于伪装的石头鱼。石头鱼的脊背上有尖锐的毒刺，会刺入敌人体内，然后分泌毒素，使对方在剧痛中死去。

▼石头鱼的形状与颜色能够与海底完美融合。

060 蓝环章鱼可以说是世界上最致命的海洋生物之一。在受到威胁时，它身体上的蓝环就会闪烁，算是警告对方，如果警告无效，蓝环章鱼便会不客气地毒杀对方。它的毒性十分剧烈，人若被它咬上一口，短短几分钟便会死亡。

▲ 蓝环章鱼体长仅 20 多厘米，却能在分分钟之内置人于死地。

▼巴勒斯坦毒蝎

061 巴勒斯坦毒蝎有"地球上毒性最强的蝎子"之称。它尾巴末端的螯针能够释放出致命毒液，一旦被刺到可不是小事，螯针所释放出来的毒液会令人极度疼痛，甚至会引起抽搐、瘫痪，重则死亡。

062 河豚的外形更像一个"软刺球"，有着圆滚滚的体形，长得非常可爱。不过，你可千万别被它憨厚可爱的外表蒙蔽，因为它的体内含有剧毒。一只河豚的毒素能够毒死约二十个成年人。

▲河豚遇到外敌时，会立即大口吞进海水，倒下的刺也会竖立起来，让敌人无从下口。

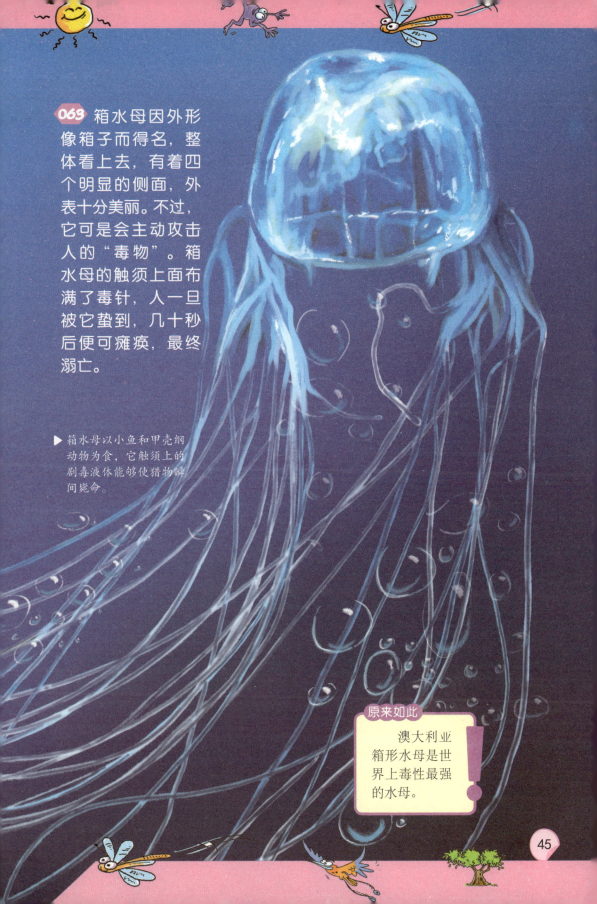

063 箱水母因外形像箱子而得名，整体看上去，有着四个明显的侧面，外表十分美丽。不过，它可是会主动攻击人的"毒物"。箱水母的触须上面布满了毒针，人一旦被它蛰到，几十秒后便可瘫痪，最终溺亡。

▶ 箱水母以小鱼和甲壳纲动物为食，它触须上的剧毒液体能够使猎物瞬间毙命。

原来如此

澳大利亚箱形水母是世界上毒性最强的水母。

快速前进

064 雨燕是长途飞行的冠军，以超过 100 千米 / 时的速度飞行上万千米，对它来说是小菜一碟。其中尖尾雨燕的平时速度是 170 千米 / 时，最快能达到 350 千米 / 时。

▲ 雨燕的翅膀呈狭长的镰刀形，使它可以快速扇动翅膀飞行。

▲ 猎豹是利用速度捕食其他动物的。它先匍匐着接近猎物，等与猎物相距只有100米左右时再用最快的速度冲上去，进行最后一击。

065 猎豹是大型猫科动物，身上有着梅花状的斑纹，能够轻而易举地与非洲草原融合在一起。除此之外，猎豹的奔跑速度极快，号称"陆地上的短跑冠军"。

原来如此

豹的性情十分凶猛，可以把相当于自己体重两倍的猎物拖到树上食用。

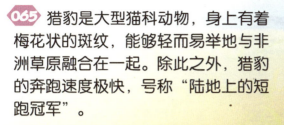

强者的"小跟班"

066 不同动物之间的关系也不一样，除了捕食与被捕食之外，有些动物也会存在互惠互利的合作关系。一些相对弱小的动物甘愿做强者的"小跟班"，不仅得到了保护，还能够获取食物。

◀ 燕千鸟还有一个比较形象的名字——牙签鸟，因为它总帮鳄鱼清理牙缝儿中的食物残渣，既帮助鳄鱼解决"塞牙"的难题，自己又能饱餐一顿。

067 燕千鸟不仅是鳄鱼的"口腔医生"，还是鳄鱼的"哨兵"，周围稍有动静，燕千鸟便一哄而散，鳄鱼警觉地做好准备，随时迎接敌人进攻。

068 水牛的身上总会滋生寄生虫，在行走的过程中也会使草丛间的昆虫受到惊吓而飞出来，这就为牛背鹭提供了食物。牛背鹭站在水牛背上捉着虫子，别提多高兴了，而水牛也享受到了牛背鹭的服务，身上不受蚊虫叮咬，十分舒服。

▼ 水牛与牛背鹭

069 向导鱼的主要任务是帮助鲨鱼清洁皮肤，鲨鱼会将吃剩的残渣赏给它们。在遇到危险时，向导鱼还会躲在鲨鱼的嘴巴里避难。

▼向导鱼对鲨鱼毫不畏惧，总是围在鲨鱼周围，不停地游来游去。

070 隐鱼不仅胆子小，而且没有自我保护的能力。它必须选择寄生在其他动物体内才能够活下去，于是它选择了海参。

隐鱼是一种没有鱼鳞的▶
小型鱼类。

071 隐鱼白天躲在海参体内躲避大鱼追捕，到了晚上才会出来觅食，真是不容易啊！海参并不介意隐鱼藏在自己体内，毕竟不会给自己的生活带来太大的影响。

072 豆蟹是一种小型蟹，捕食与御敌的能力比较弱，所以就找了扇贝来保护自己。当扇贝张开壳的时候，就是豆蟹进食的好时机；当壳合上的时候，豆蟹便以扇贝的排泄物为食。

▲ 豆蟹与扇贝配合得很默契，彼此互惠互利。

073 豆蟹的警惕性比较强，当发现危险时，便会搅动扇贝的软体部分，扇贝立刻闭合贝壳，这样就安全了。

▼ 斑马和长颈鹿组成了非洲草原的警戒联盟。

074 长颈鹿的长脖子能够让它望到远处的风吹草动，而斑马的嗅觉和听觉都非常灵敏，二者强强联手，彼此的安全就又多了一份保障。

原来如此

　　动物之间的合作也被称为共生现象。两种动物个体发生相互合作的关系，并且对各自产生有益的影响。共生现象作为两者的互利关系，为物种的生存和繁衍打下了基础。

075 蚂蚁家族都有一个嗜好——喜欢吃甜食。蚜虫是会分泌蜜露的一种小昆虫，蚂蚁保护蚜虫不被瓢虫攻击，而蚜虫则会分泌蜜露慰劳它们。

◀蚂蚁喜欢吃甜甜的东西，而蚜虫恰好能分泌一种蜜露，蚂蚁为了吃到这种美食而跟在蚜虫后面做起了"卫士"。

076 海葵除了依附岩礁之外，还会依附在寄居蟹的螺壳上。由于寄居蟹喜好在海中四处游荡，使得原本不移动的海葵随着寄居蟹的走动而扩大了觅食的领域。对寄居蟹来说，一则可用海葵来伪装，二则由于海葵能分泌毒液，可以杀死寄居蟹的天敌，也保障了寄居蟹的安全。

原来如此

海葵和寄居蟹的关系是持续一生的，当寄居蟹要换新家的时候也会带着它的小伙伴一起搬到新居，重新共同生活。

空中居室

077 分布于亚洲北部，身长近1米的虎头海雕飞行缓慢，是海湾上空最大型的猛禽。它的巢穴一般建在枯树顶上，一旦巢穴建立在此，就会长久地使用下去。虎头海雕每年都会对旧巢穴进行修补，巢穴也因此变得越来越大。

▲ 虎头海雕的巢穴很大很重，枯树所承受的重量也相对较大，所以它的鸟巢常有坠落的危险。

078 白鹳（guàn）是大型涉禽，嘴长而粗壮，常在高树或岩石上筑巢。其树枝巢穴能够持续使用，每年都会对旧巢进行修理和加固，巢穴的体积就会变得越来越大，甚至能够达到两米宽、3米深。

◀ 白鹳的巢穴是用干树枝堆积而成的，白鹳"夫妇"会一起完成这个工作。

079 裸颈鹳主要生活在南美洲及中美洲。在它的族群之中，无论雌雄都参与筑巢。裸颈鹳的巢穴位于30米高的树枝上，并且还是一项较为长久的建筑"工程"，每年都会扩建。

裸颈鹳与不能飞的美洲 ▶
鸵鸟差不多高。

080 攀雀的巢穴更像是一个用绒毛做成的堡垒，猎食者很难入侵。这种巢穴是雄鸟用毛发、羊绒、蜘蛛网，以及植物纤维编织而成的，就像紧凑细密的毛绒手套，十分温暖，并且非常安全。

▼攀雀的巢穴一般高挂在树的枝头，掩蔽在浓荫之中。

建筑 "精英"

081 在水鸟繁殖的季节，鸟巢遍布它们所栖息的湖畔和湿地。于是，一些鸟把巢穴建在水面上，以免拥挤，这就有了奇特的"漂浮之巢"。这种巢穴能够使鸟蛋和雏鸟免遭陆地天敌的袭击，并且便于搭建，不过也容易暴露自己，引来猎食者。

◀ 水雉用漂浮在水面上的枯死的植物和新鲜的水生植物建筑成简陋的巢穴，在其中产卵。

082 说到建筑巢穴，那就不得不提河狸了。河狸家庭各自居住在一个个形似帐篷的巢穴里，成年的河狸会在河面上或溪面上搭建堤坝，截控水流，为家族成员创造安全、稳定的环境。

▲ 河狸是天生的伐木高手，它的门牙极其锐利，像一把凿子。

083 泥壶蜂是泥蜂家族中的一员，说它是一位严格的"工程师"一点儿都不为过。在筑巢的过程中，泥壶蜂会用触角去衡量深度和宽度，然后仔细地搭建出一个葫芦般的巢穴供自己居住。

蚁穴可是工蚁们辛辛苦苦建造的，构造科学，冬暖夏凉，就像安装了空调。

◀ 泥壶蜂的巢是泥壶蜂用泥土一点儿一点儿建起来的。

▲ 黑尾土拨鼠的群体非常团结友爱，同一集群中的成员共用一条构造特别的地道，领域里的食物也是共享的。

084 黑尾土拨鼠可是有名的地道挖掘家。它在地下挖出错综复杂的精巧隧道，建造了一座别有洞天的地下"别墅"。其中有记载的规模最大的这种地下"别墅"位于得克萨斯州，占地面积非常大，是几亿只土拨鼠共同的家园。

背着房子慢慢走

085 乌龟的壳很坚硬，如果遇到危险，它只需要把头、尾巴和四肢都缩进龟壳里就可以了。

▲乌龟是现存的一种古老的爬行动物。

086 寄居蟹的"房子"并不是它自己的，而是它从其他的海洋生物那里抢过来的。随着寄居蟹的不断长大，它会更换不同的壳来寄居。

◀寄居蟹会吃掉软体动物贝类的肉，然后将它们的壳占为己有，所以也有"白住房"的别称。

087 蜗牛是软体动物，头上有四个可以伸缩的触角，行走时头会伸出来。它一旦感到有危险，便会将头缩进壳中。

◀蜗牛的壳能够保护自己柔软的身体，壳就像它的家，走到哪里背到哪里。

088 海螺与其他动物一样，早已适应千变万化的生存环境。它的壳边缘处像一个四方形，又大又厚重，能够很好地保护海螺柔软的身体。

海螺的移动速度很慢，也有▶
"海里的蜗牛"一称。

长长的舌头

089 青蛙的舌头与众不同，它的舌根靠近嘴唇，而舌尖则朝向喉咙的方向。青蛙爱吃小昆虫，特别是飞舞状态下的苍蝇和飞蛾。

090 蛙的种类很多，但不论哪一种，都主要以害虫为食。青蛙还是国家三级保护动物。

◀青蛙对猎物发动进攻时，它那布满黏液的舌头会如箭一般弹出去，迅速而准确地将猎物卷入口中。

091 食蚁兽发现蚁穴的时候会用爪子扒开洞口，把舌头伸进去将白蚁舔进嘴里，白蚁在它的胃中被研磨消化。

食蚁兽的嘴巴里没有牙齿，只有一根长舌▶头，长舌头能够快速地进出蚁穴，舔食里面的蚂蚁。

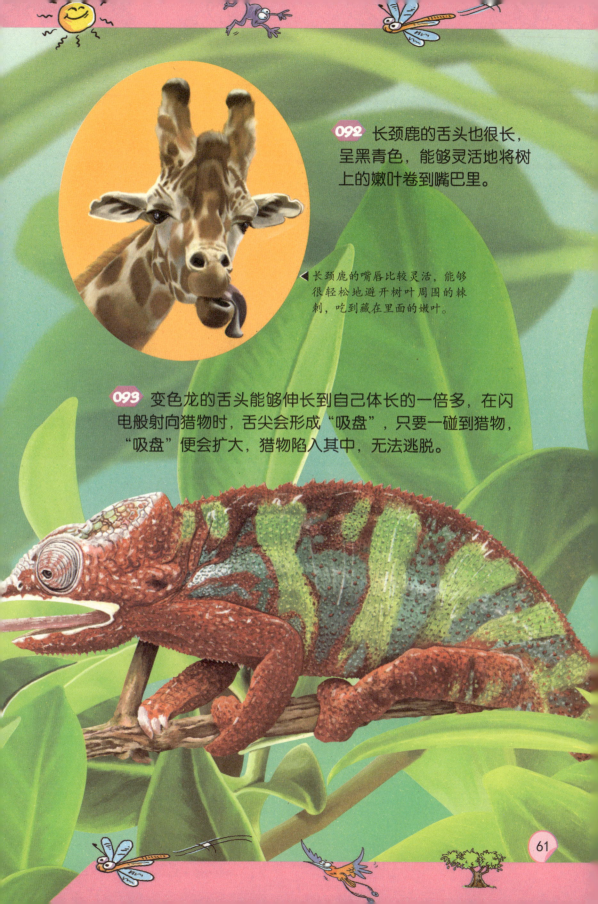

092 长颈鹿的舌头也很长，呈黑青色，能够灵活地将树上的嫩叶卷到嘴巴里。

◀ 长颈鹿的嘴唇比较灵活，能够很轻松地避开树叶周围的棘刺，吃到藏在里面的嫩叶。

093 变色龙的舌头能够伸长到自己体长的一倍多，在闪电般射向猎物时，舌尖会形成"吸盘"，只要一碰到猎物，"吸盘"便会扩大，猎物陷入其中，无法逃脱。

贪吃的大嘴巴

094 鹈鹕有一个大大的嘴巴，硕大的喉囊就像一张小过滤网，在捕鱼的时候连鱼带水一起吞到口中，然后闭上嘴巴，收缩喉囊将水挤出来，再将留下的美味的鲜鱼吞下肚。

▼ 鹈鹕有能够分泌油脂的黄色油脂腺，用油脂打理羽毛可以保持羽毛光滑，以免被水打湿。

原来如此

对于那些胃口超级好、能量需求高的动物们来说，一张特大号的嘴巴能极大地提高它们吃东西的效率。

095 鹈鹕鳗因嘴巴像鹈鹕的嘴巴而得名，单是它的大嘴就占了整个身体的三分之一。鹈鹕鳗在海底不停地游动，用大嘴来滤食，还能吞下深海中的无脊椎动物和其他鱼类。

▲ 鹈鹕鳗十分贪吃，无论遇到什么样的食物，都会张大嘴巴毫无顾忌地吞下去。

096 巨口鲨也是大嘴一族的成员，它的嘴巴可以张得非常大，除此之外，它的嘴巴附近还长有发光器官，能在深海中发出光亮，吸引小鱼和浮游生物。

▲巨口鲨的嘴巴十分巨大，张开后宽约 1.5 米。

097 河马有一个粗壮的头和一张特别大的嘴巴，陆地上的任何一种动物都没有它的嘴巴大。它的嘴巴完全张开时可呈 90 度，露出锋利的獠牙。

河马的牙齿也很大，▶是进攻的武器，下门齿像小铲子一样向前生长。

▲ 凶猛的鳄鱼

098 鳄鱼的大嘴巴只能开合，不能咀嚼食物。所以当捕捉到大一点儿的猎物时，它会咬住猎物的一角，用力摇摆头部，将猎物的肉撕扯下来。

原来如此

恒河鳄长长的嘴里长有约 110 颗牙齿。它在捕食时会张开嘴巴左右摇头，以便利用自己满嘴的利齿叉到水里过往的小鱼。

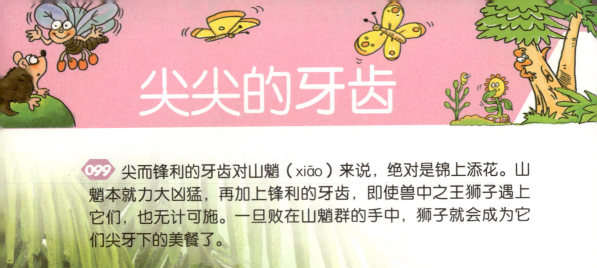

尖尖的牙齿

099 尖而锋利的牙齿对山魈（xiāo）来说，绝对是锦上添花。山魈本就力大凶猛，再加上锋利的牙齿，即使兽中之王狮子遇上它们，也无计可施。一旦败在山魈群的手中，狮子就会成为它们尖牙下的美餐了。

◀ 领头的雄性山魈骁勇善战，牙齿尖长，是身份的象征之一。

100 水虎鱼也叫食人鱼，长着与众不同的三角形牙齿，是它的捕食利器，它的咬力十分惊人，能够轻而易举地撕碎猎物。进食时，它更是认真，能够将猎物吃得干干净净，只留下一堆白骨。

▲ 水虎鱼除了具有锋利的牙齿之外，还拥有成群攻击大型动物的喜好。

101 毒蛇酷爱使诈，性格十分狡猾，是狠毒的猎食者。它的毒液由毒腺分泌，经牙齿流出。还有一些毒蛇甚至可以利用喷射毒液的方式命中目标。

▲ 毒蛇的牙齿尖尖的，里面是中空构造，用来储存毒液。

102 老虎的牙齿看起来非常粗壮，不同的牙齿也有着相对明确的分工：较大的犬牙负责咬死猎物，门牙主要用来撕裂猎物的皮肉等。

与此相关 海象的长牙不仅能够挖掘海底的食物，在战斗的时候还是作战武器呢！

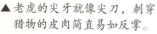
▲ 老虎的尖牙就像尖刀，刺穿猎物的皮肉简直易如反掌。

灵敏的鼻子

109 松鼠可是储备食物的专家。一般在晚秋时节，松鼠会搜集很多坚果，并将它们埋起来。松鼠的鼻子很灵敏，只要将果实拿起来闻一闻，便知道哪颗坚果成熟了，哪颗坚果已经腐坏，还可以发现哪颗坚果中没有果仁。

◀即使是在下雪的时候，松鼠也可以闻到埋藏在地下的橡子等坚果的气味儿，很容易找到美食。

104 星鼻鼹鼠大多数时间生活在地下。它体形不大，胃口却很好，以蚯蚓、小鱼虾为食，不仅是进食速度飞快的动物，还是第一个被发现可以在水下用嗅觉捕食的哺乳动物。

◀星鼻鼹鼠的鼻子非常灵敏，能够寻找和辨别食物的位置。

105 狗的鼻子很灵敏是公认的事实，其中最为优秀的便是寻血猎犬。寻血猎犬拥有比人灵敏千万倍的鼻子，能够协助警察侦破案件，找出犯罪嫌疑人。这位充满正义的"警探"的确令人佩服。

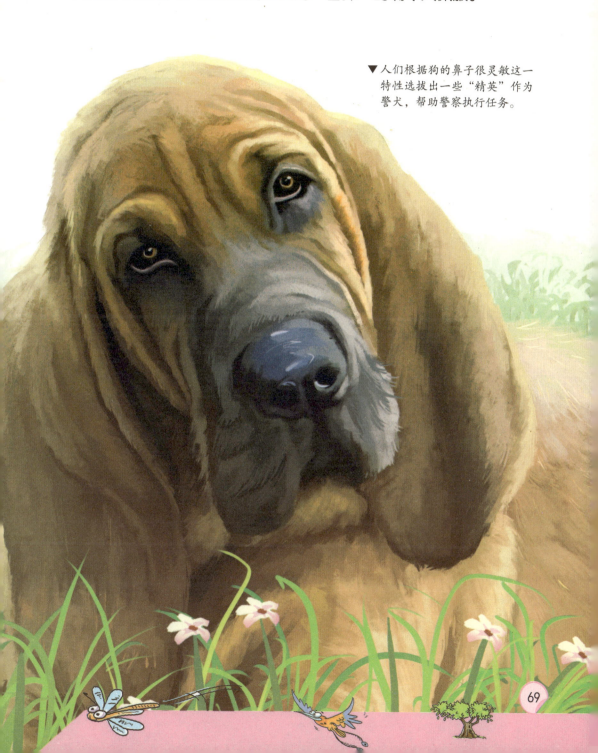

▼ 人们根据狗的鼻子很灵敏这一特性选拔出一些"精英"作为警犬，帮助警察执行任务。

106 鹦鹉的羽毛颜色鲜艳，再加上有善学人语的特点，故为人们所欣赏和钟爱。此外，它还有一个特别的地方，就是它的爪子。鹦鹉的两只爪子是对趾型，也就是两趾向前，两趾向后，这样它就能够牢牢握住树枝，展示自己的美丽了。

◀鹦鹉是一种毛色艳丽的鸟，以坚果、浆果、种子等为食，钩状喙和对趾能够很好地配合，完成进食。

107 猫的爪子是它的最佳"捕食工具"。猫的趾底有脂肪质肉垫，所以走起路来是没有声音的，这样在捕食的时候就不会惊动猎物。除此之外，猫爪的每一个脚趾上都长着三角形的尖爪，平时不会暴露，只在攀爬和捕食时才会展现出来。

108 食蚁兽强有力的前肢和非常锐利的前爪是它最有力的"武器"。它会用前肢奋力撕开蚁穴，用长舌捕食。不过，食蚁兽是不会将蚁穴完全捣毁的，因为它深知"留得青山在，不怕没柴烧"的道理。

▲食蚁兽只用一只前爪就能够抓起60千克重的物体。

◀猫的脚掌上的厚厚的肉垫还能避免它从高处跳下时受伤。

奇特的眼睛

109 白头海雕具有卓越的视力。它的眼睛很人，双眼各长了一层特殊的眼睑，这层眼睑能使眼睛保持湿润。除此之外，白头海雕在空中翱翔时能够看见数千米之外的猎物，并迅速进行捕捉。

▼白头海雕的爪子尖利如刀，是它最厉害的武器。

白天的光照强烈，猫的 ▶
瞳孔会缩成一条窄缝儿，
这样就能够减少进入眼
睛的光线。

110 猫有时更像一位"独行侠"，而它的眼睛则为它"独闯
江湖"创造了有利的条件。猫的眼睛以犀利著称，无论白天
还是黑夜，它都拥有绝佳的视力。猫的双眼的瞳孔可以根据
周围环境的明暗来调整大小，以控制眼球吸收光线。

猫大多在夜间活 ▶
动，因为它的夜
视力比较好，而
影响夜视力的物
质便是牛磺酸。

原来如此

猫本身不能合成牛
磺酸，而老鼠和鱼可以
提供给猫这种物质，于
是老鼠和鱼便成了它的
食物。

111 蜻蜓看似只有两只大眼睛，但这两只大眼睛却是由成千上万只小眼睛组成的，这就是复眼。复眼使蜻蜓能够看见四面八方。

与此相关 蟹的复眼也很敏锐，眼球下面连着眼柄，能够伸缩自如。即使一只眼球不小心坏掉了，还会长出新的眼球来。

▲ 大大的复眼不仅能让蜻蜓眼观六路，还能帮它确定出猎物的速度。

112 变色龙的眼睛十分奇特，既能转动自如，还能够分别向前、向后看，这种现象在动物界中十分罕见。双眼各自分工不仅能够增加捕食的机会，还可以尽快发现威胁自身安全的猎食者。

▲ 变色龙的眼睛向外凸出，能够单独转动。

113 要在夜间进行活动，眼睛当然是越大越好。如果单从眼睛与脸的比例来看，眼镜猴的眼睛绝对是动物王国中最大的。它还有一项特技，就是能将脑袋旋转 180 度，使得视野十分广阔。

▼ 眼镜猴的眼睛看
起来就像一副眼
镜，由此得名。
眼镜猴白天休
息，到了夜里才
出来捕食，主要
以昆虫为食。

75

臭臭的动物

◀ 戴胜主要分布在欧洲、亚洲和北非地区，是以色列的国鸟。

与此相关 七星瓢虫细脚上的关节能分泌一种难闻的黄色液体，这种刺鼻的气味能让猎食者放弃吃掉它的想法。

114 戴胜又被人们称为"臭姑姑"，主要是因为戴胜在孵化宝宝时，尾部特殊的腺体会分泌出一种黑棕色的油状液体，弄得巢穴又脏又臭。孵化出幼鸟后，戴胜也不会处理自己的粪便，所以味道会更加刺鼻。不过，戴胜妈妈并不觉得难为情，因为这样一来，猎食者就会因味道而远离宝宝的巢穴了。

115 黄鼬（俗名黄鼠狼）在臭臭的动物中占有无法忽视的地位。它的警觉性很高，想要偷袭它是很难的。若是没有退路，它就会殊死一搏。黄鼠狼自身配备了一样非常厉害的退敌武器，就是它肛门两旁的黄豆形的臭腺。它一边儿奔逃，一边儿对攻击者喷射一股臭不可忍的分泌物。

▼黄鼬所喷射出的分泌物若是击中对手的头部，就会让对手中毒，轻者眩晕呕吐，重者昏迷。

116 臭鼬能够喷射臭臭的液体。这种液体是从尾巴旁边的臭腺分泌出来的，杀伤力很强，射程约为3米。如果敌人被臭鼬发射的液体击中会短时间内失明，这样臭鼬便可以趁机逃跑。

◀当敌人靠近臭鼬时，臭鼬会竖起尾巴，以前爪踩地作为警告。

"刺球" 动物

117 刺鲀生活在水中，当受到威胁时，便快速吸入空气或水，使身体膨胀，刺也会竖起来，使对方无处下口。

刺鲀变身"刺球"。▶

118 针鼹浑身的尖刺其实是进化改良过的毛发。它一旦受到威胁，便会把身体缩成一个刺球，实在没辙就干脆钻入地下，让敌人束手无策。

▲ 针鼹小鼻子里的电感受器能够接收到运动中的猎物释放的细微电脉冲。

▼ 刺猬爱吃蚂蚁，当它嗅到蚁穴的位置时，便用爪子挖洞口，再将舌头伸进去一转，蚂蚁就成了它的美餐。

119 当受到惊吓时，刺猬会缩成一团，就像一个"刺球"，刺对着外面，这样就能够很好地保护自己。除此之外，刺猬的鼻子很长，所以嗅觉比较发达，能够嗅到藏在地下的食物。

120 豪猪的身体很强壮，有的豪猪还能够发射棘刺，被刺中的当事者可要经受一阵折磨了。豪猪身体后面的棘刺要比前面的更粗更硬，所以它经典的作战姿势便是背对着对手。

▼ 豪猪也叫箭猪，身上好像插满了锋利的箭，那便是它的棘刺。

原来如此

虽然刺猬与豪猪都长着硬刺，但是豪猪的刺能脱落，而刺猬的刺则不能脱落。

121 灯笼鱼头大尾细，身体看上去圆圆的，身上长有发光器。不过，不同种类的灯笼鱼，发光器的排列位置也不完全一样。有的灯笼鱼尾部带有会发光的追逐器；有的头部会有特大的发光球，和古代的灯笼十分相似。

▲ 几乎所有的灯笼鱼都生活在黑暗的深海里，它发出的光可用来诱捕猎物和迷惑敌人。

▼ 萤火虫是我们比较熟悉的一种会发光的昆虫。

122 绝大多数栉水母以浮游动物为食，自身发出淡蓝或淡绿色的光，能够吸引更多的猎物，它也就不必为食物的事情犯愁啦！

栉水母是可以发光的水母，柔软的身体随波摇曳，美丽极了。 ▶

123 萤火虫是一种非常漂亮的昆虫，腹部末端能够发出荧光，每天日落后一小时是萤火虫最活跃的时候，它们在池塘、稻田及河流边的草丛中成群出现，闪烁的黄绿色荧光看上去漂亮极了。

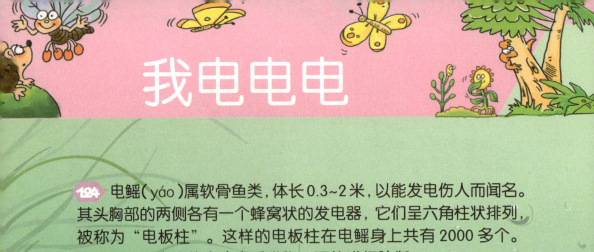

我电电电

124 电鳐(yáo)属软骨鱼类，体长0.3~2米，以能发电伤人而闻名。其头胸部的两侧各有一个蜂窝状的发电器，它们呈六角柱状排列，被称为"电板柱"。这样的电板柱在电鳐身上共有2000多个。电鳐用自己发出的电流击昏猎物，还能进行防御。

▼ 电鳐栖居于海底，以甲壳动物和环节动物为食。

原来如此

电鳐怕光，主要在夜间活动，生性凶猛，受到刺激时瞬间就能放出强大的电流。

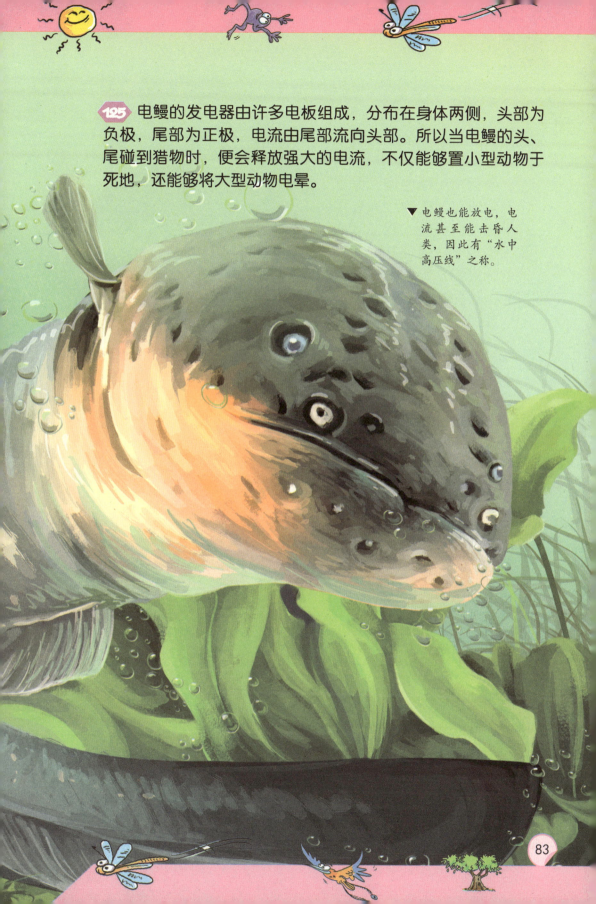

125 电鳗的发电器由许多电板组成，分布在身体两侧，头部为负极，尾部为正极，电流由尾部流向头部。所以当电鳗的头、尾碰到猎物时，便会释放强大的电流，不仅能够置小型动物于死地，还能够将大型动物电晕。

▼ 电鳗也能放电，电流甚至能击昏人类，因此有"水中高压线"之称。

吓吓你而已

126 蓝舌蜥用颜色作为保护自己的策略。它向敌人轻巧地伸缩自己鲜艳的蓝色舌头和嘴的内层，受惊的捕食者只能让猎物从眼前溜掉。事实上，蓝舌蜥并没有毒。

蓝舌蜥也被称为"蓝舌石龙子"。▶

127 伞蜥蜴分布在新几内亚南部和澳洲北部的草原及树林中，有长长的尾巴，脖子周围垂着伞状皮膜，色泽鲜亮。每当遇到猎食者时，它都会将自己的颈伞张开，然后将自己的嘴巴张得很大，露出尖尖的牙齿，似乎在说："怎么样，还是我厉害吧？"

◀伞蜥蜴在求偶时也会将自己的伞状皮膜好好地展示一番。

128 冠海豹生活在北极，以鱼和软体动物为食。雄性冠海豹的头上长有头骨冠和鼻球，每次冠海豹感到有危险或兴奋时，鼻子前面的鼻球便会膨胀起来。

▼冠海豹的鼻子像充气的红气球。

129 大猩猩是群居动物，首领由一只成年雄性大猩猩担任。大猩猩的领地意识很强，如果感觉受到了威胁，便会捶打胸部。

▲ 大猩猩被称为"人类最直系的亲属"。

保卫家园

190 眼镜王蛇喜欢独居，如果有另外一条眼镜王蛇闯入领地，它就会进行一场"无毒之战"——眼镜王蛇虽然是毒蛇，但这场战争中并不会用到毒液。它的颈部扩张成兜状，吐着芯子，在地上不停地游走，趁对方不备，压倒对方，经过几次缠绕、压倒后，决出胜负。

◀ 眼镜王蛇的战斗姿态。

191 瞪羚主要生活在非洲大草原，少数生活在亚洲。雄性瞪羚天性好斗，头上的角便是最好的武器。两只瞪羚最初不停地跺着脚，后来低下头，将角对准对方猛冲过去，抵在一起。最终的胜利者将是这块土地的拥有者。

▲ 两只雄性瞪羚为了争夺领地展开激烈的战斗。

▼ 海鸥为了保卫家园大打出手。

192 海鸥在每年的 4~8 月进入繁殖期，这时它会格外注意在自己的势力范围内有没有其他鸟入侵。如果有胆子大的鸟入侵了它的领地，便会被无情地驱逐，主人会张开翅膀，冲着对方大声叫喊。如果对方没有要走的意思，后果可是很严重的。

193 雄性三刺鱼看中一条心仪的雌鱼时，便会想尽办法吸引对方的注意力，这时如果被另一条雄性三刺鱼打扰，战争则会一触即发。为了保卫爱人和家园，主人会用嘴巴咬对方，还会用刺进攻，直到将侵略者驱逐出境。

原来如此

三刺鱼是一种典型的小型鱼，身长不超过 15 厘米，在背鳍前面和腹部长着刺，由此得名。

▲ 雄性三刺鱼在繁殖季节，喉部和腹部会呈红色。

动物大战

▼大王乌贼的身长约20米，是目前已知的第二大型的软体动物。

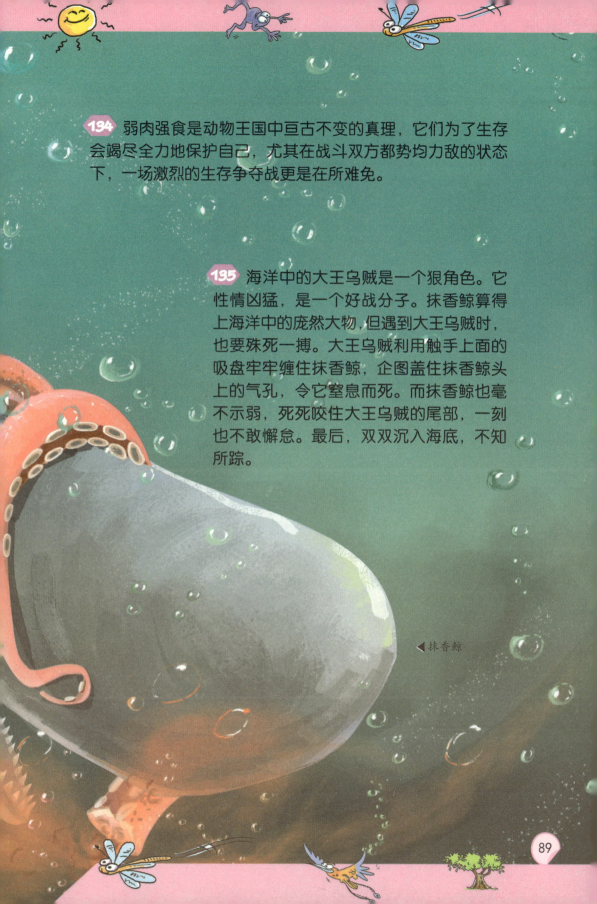

134 弱肉强食是动物王国中亘古不变的真理，它们为了生存会竭尽全力地保护自己，尤其在战斗双方都势均力敌的状态下，一场激烈的生存争夺战更是在所难免。

135 海洋中的大王乌贼是一个狠角色。它性情凶猛，是一个好战分子。抹香鲸算得上海洋中的庞然大物，但遇到大王乌贼时，也要殊死一搏。大王乌贼利用触手上面的吸盘牢牢缠住抹香鲸，企图盖住抹香鲸头上的气孔，令它窒息而死。而抹香鲸也毫不示弱，死死咬住大王乌贼的尾部，一刻也不敢懈怠。最后，双双沉入海底，不知所踪。

◀抹香鲸

▼虎鲸们正在智斗大白鲨。

136 虎鲸和大白鲨的战斗场面可谓壮观。虎鲸若是单打独斗当然无法与大白鲨匹敌，不过若是一群虎鲸的话，那杀伤力可是极强的。它们会将大白鲨赶到海面上，想办法将它的身体翻转过去，让大白鲨无法动弹，然后开始美餐。

137 蟒蛇与鳄鱼之战，谁胜谁负真的不好判断，因为两者均是实力派选手。蟒蛇利用身长优势，将鳄鱼牢牢缠住，直到鳄鱼气绝身亡，蟒蛇才张开大口，将鳄鱼整只吞下。蟒蛇费力地将鳄鱼吞下肚，并不意味着取得了完全的胜利，有时蟒蛇会因为肚皮被撑破而身亡。

▼蟒蛇是当今世界体形较大的蛇类之一，以肉类为食。

鳄鱼是一种冷血的爬行动物，喜欢在水中嬉戏，是性▶情凶猛的肉食性动物。

138 丹顶鹤是十分温顺、美丽的鸟。可对老鹰来说，它却是身体强健、敢于战斗的勇士。北海道的雪刚停，地面被白雪覆盖，丹顶鹤利用自己长嘴的优势，在雪层之下找出爱吃的灌木和鱼。而老鹰突然飞来抢食，护食的丹顶鹤根本不惧怕威武的雄鹰，它们团结对外，又啄又抓，毫不客气。最终，老鹰斗不过丹顶鹤，只得灰溜溜地逃走。

▲丹顶鹤在赶走老鹰之后，还会摆出美丽的姿势以示庆祝。

原来如此

虎鲸的嘴里有几十颗锋利的圆锥形大牙齿，是它捕食的利器。

为爱而战

199 雄性海豹之间为了争夺心仪的雌性海豹，通常都会毫无顾虑地大打出手。它们会用牙齿狠狠地咬对方，有些雄海豹的毛皮就是这样被咬破的。最终，获得胜利的雄海豹会与雌海豹一起将失败者赶走。

▼海豹的社会中多实行"一夫多妻"制。

袋獾的身体形态与一只小狗差不多。除此之外，在危险关头，它还能像臭鼬一样发出臭味，使猎食者避之不及。

▼袋獾也被称为"塔斯马尼亚恶魔"。

140 雄性袋獾之间为了争夺雌性袋獾会发生激烈的战斗，它们碰撞、厮咬，胜利的一方便可以抱得"美人"归。

141 泰国斗鱼为了争夺恋爱的权力而展开较量，在斗争中身体的颜色会发生变化，由浅绿色变成红色，再变成紫色，颜色越来越深，最后变成青黑色。双方张开鳃盖，用力撞击对方，或者纠缠在一起厮咬，过程非常激烈。

▼泰国斗鱼

142 袋鼠的后腿很强壮，在跳跃的时候占尽优势，一跳就能跳几米高，十几米远，算得上跳得最高、最远的哺乳动物。这样的优势在争夺配偶时更是显得极为重要，它们会用尽浑身解数，直到有一方被打倒，这场争夺战才算结束。

◀ 雄性袋鼠在争夺配偶时会展开"拳击比赛"。

原来如此

　　袋鼠的大尾巴用处可多了，而且极其有力，一扫就可能置人于死地。尾巴在袋鼠蹦蹦跳跳的过程中起到平衡的作用，在袋鼠休息的时候又像小椅子一样支撑着它的身体。

143 雄性黑琴鸡生性好斗，在争夺伴侣的时候打斗更为激烈，边叫边用翅膀拍打对方，甚至用尖锐的喙啄咬对方。

▼ 雄性黑琴鸡的黑色羽毛在阳光下会呈现蓝绿色金属光泽，十分美丽。

144 平时温顺的犀牛甲虫在面对爱情的时候可不会手下留情，会变身为"铠甲勇士"，用尖角互相顶撞，还会用小细腿攻击对方。

▼犀牛甲虫算得上昆虫中的大块头，而且绝对是大力士，它的外壳能承受相当于自身重量800倍的物体。

145 野牛头上的角很引人瞩目，雄性的角比雌性的大一些。雄性野牛的双角弧度很大，并且尖锐，是战斗的有力武器。在争夺"心上人"这场战役中，体力好的雄性野牛能够用粗壮有力的角将对手顶飞。

▲ 打斗时的野牛

迁徙达人

146 灰鲸是哺乳动物中迁徙距离最长的动物，最远距离甚至长达两万多千米。可是你知道吗？它们这样不远万里地迁徙，只为了能够在食物充足的地方大快朵颐。

▲灰鲸

▼赤蠵龟对它们的出生地情有独钟，
它们总是回到那里产卵。

147 赤蠵（xī）龟是迁徙之旅中比较有名的动物之一。它们的迁徙需要穿过大西洋，旅程长达几千千米。在这样一段长长的旅途中，赤蠵龟通过感受地球磁场的变化来确定方向，就像是在自己的身体里安装了一个指南针。

148 黑脉金斑蝶是地球上唯一的迁徙性蝴蝶。它们为了躲避寒冷的冬季，每年都会进行大规模、远距离的迁徙。

▲ 黑脉金斑蝶的迁徙路程很长，在旅途中，它们会停在树上休息或栖息。

149 陆地动物中迁徙路程最远的要数北美驯鹿了。每年的夏末，成群的北美驯鹿便会从北极冰原迁徙到南部森林过冬，等到天气变暖再回来。

北美驯鹿每年迁徙的来回 ▶
路程可达几千千米。

捕鱼高手

150 阿拉斯加棕熊能准确地咬住腾空而起的大马哈鱼。每当大马哈鱼产卵的季节，阿拉斯加棕熊就会聚集在瀑布的上游，等待洄游的大马哈鱼群。当大马哈鱼从瀑布下方跃上来时，阿拉斯加棕熊就会用嘴准确地将它叼住，这可是个技术活儿。

151 白头海雕用利爪捕鱼。它的爪子非常强壮，也十分锋利，而且足底的皮像砂纸一样粗糙，即使鱼的身体很光滑也很难逃脱。

152 翠鸟是"闪电捕鱼高手"。翠鸟在高处静静地盯着水面，当发现鱼的行踪时，便像离弦的箭一样射入水中，并准确无误地将鱼捕获。

与此相关 鸟主要靠爪和喙捕食，哺乳动物靠锋利的牙齿捕食，而大多数昆虫则靠有力的颚或螯针捕食。

▼翠鸟的眼睛很特殊，即使在水中也能很好地调节光线，准确找到鱼在水中的位置。

灭害使者

153 蚜虫靠吸食植物的汁液为食，会损害农作物，是十足的害虫。而七星瓢虫则是蚜虫的克星。在棉田出现大量的蚜虫时，就可以将美丽的七星瓢虫放到棉田里，它们能将蚜虫消灭干净。

▼ 蝗虫的天敌主要是蛙和鸟两大类，为了不让蝗虫损害农作物，我们应该保护蛙和鸟。

154 蝗虫是昆虫界中"恶霸"的化身，是十足的农业害虫。它们所到之处，植物都会被啃食精光。成群的蝗虫一般情况下约有上千万只，每天至少可以吃掉 3 吨粮食。

155 螳螂是专门吃苍蝇、蚱蜢等害虫的肉食性动物。螳螂的两把"大刀"看起来威风凛凛，上面不仅有锯齿，末端还有钩子，是它的捕虫利器。

螳螂能够伪装成叶子，▶
这样不仅利于捕食，还
能保护自己。

原来如此

在古希腊，人们将螳螂视为先知，因为螳螂前臂举起来的样子像极了祷告的少女，所以它也被称为"祷告虫"。

暗夜精灵

156 猫头鹰主要在夜间活动，而且视力在夜间特别敏锐，是人类的100倍左右。猫头鹰的大眼睛可以通过放大和缩小瞳孔来控制进入眼睛的光线强弱，两个瞳孔独立工作，不受影响。

◀猫头鹰的眼睛虽然大而敏锐，却不能转动。

157 蝮蛇是比较奇特的动物，它在低于10℃和高于30℃的温度下都不会进行捕食。不过，蝮蛇酷爱夜间活动，因为在夜间捕食对它来说似乎更加游刃有余。

▲ 蝮蛇主要以鼠、蛙、小型蜥蜴、鸟儿、昆虫等为食。

158 老鼠是一种智商可与人类匹敌的动物。为了自己的安全着想，它总是白天把自己藏得严严实实的，直到晚上才会探头探脑地跑出来觅食或"修整"自己的牙齿。

原来如此

老鼠并不被人类喜欢，因为它总是窃取人类的劳动成果，不仅偷吃粮食，还可能传染疾病。

▲ 老鼠具有很强的记忆力和拒食性，如果在某一地点遭遇过袭击，它会长时间地回避此地。

冬季睡大觉

159 蛇、蝙蝠等有冬眠习惯的动物叫作冬眠动物。冬眠是它们保存体力以抵抗严寒的一种生存方式。每到冬天，它们便缩进洞里，开始呼呼大睡，甚至连心跳都慢了下来。

▼ 睡鼠是冬眠时间最长的动物，最喜欢的食物是浆果。

160 睡鼠会在夏季大量储存脂肪，以便在漫长的冬眠中为自己提供能量。当寒冷的冬日呼啸而来时，睡鼠会在地面下的洞穴中紧紧地蜷缩成一团，安稳睡去。

161 蛇是冷血动物，到冬天的时候多会选择集体冬眠。集体冬眠对蛇来说是有好处的，大家挤在一起，能够减少水分散失，降低能量消耗，存活率高于散居的冬眠的蛇。

◀ 蛇在冬眠期间，不动也不吃，将消耗降到最低，用之前储存的脂肪维持生命。

162 蝙蝠在冬眠的时候会蜷缩在缝隙中，降低体温和心跳频率来减少能量消耗，用这种方式熬过冬眠期。

有些种类的蝙蝠会冬眠，尤其 ▶
是生活在高纬度地区的蝙蝠。

原来如此

　　大多数蝙蝠以昆虫为食，到了冬天，昆虫数量减少，蝙蝠也就缺少了食物，所以才会选择冬眠。

沟通很重要

163 动物和人一样，也有自己的沟通方式，有的是通过声音，有的是利用动作，有的甚至还会通过气味进行交流。这样的方式能够帮助它们躲避危险或是搜寻食物。

164 蚂蚁发现食物后，便会回到蚁穴告诉伙伴，一路上留下自己的气味，标明路线。每一个蚁穴中的蚂蚁都有自己的气味，这种气味能够帮助蚂蚁辨别"家人"与"外人"。

▲ 蚂蚁之间相互摩擦触角，其实就是在辨别气味。

165 狼可以和其他犬科动物或其他动物交流信息，交流的方式有很多种。狼经常会用面部表情的变化加上耳朵的动作来表达攻击、防御、顺从与友好。除此之外，狼群之间也会通过嗥叫进行交流与沟通。

▲ 这只狼正通过自己的嗥叫声召集成员。

166 成群的土拨鼠在洞外玩耍的时候，总会有"哨兵"观察周围的情况，发现危险便尖叫着告诉大家快跑。

◀ 正在放哨的两只土拨鼠。

伟大的爸爸

167 刺鱼爸爸为未出世的宝宝搭建了舒适的"家"，并不断地在周围游动，这样它的宝宝就能获得更多的氧气了。

◀ 刺鱼爸爸是鱼中的慈父，它体格强壮，性情温柔。

168 企鹅妈妈产下一颗大大的蛋之后便向大海走去，因为它已经很久没有进食了，需要去吃点儿食物补充体力。孵化的工作就交给企鹅爸爸了。

企鹅爸爸将蛋放于双脚之间，藏在肚皮下，▶ 给它足够的温度。

169 负子蝽，学名田鳖。从它的名字，你就能够猜出它是如何呵护下一代的。卵宝宝出生以后，被牢固地粘在爸爸的背上，爸爸就会背负着卵寻觅食物，躲避敌害，直到卵发育成熟，幼虫孵化后，相继游离而去，负子蝽父亲的使命才算告一段落。

◀ 这种生活在池塘、河渠、水库、水域中的小昆虫可算是动物界中"好爸爸"的典范了。

170 海马妈妈将卵产在海马爸爸的育子囊中，经过近两个月的孵化，小海马就一条接一条地跑出来了。

▲ 海马爸爸的育子囊长在腹部，位置在正前方或侧面。

家有萌宠

171 狗是人类忠诚的朋友，已经被越来越多的人带回家当作宠物。无论是哪种狗，都喜欢主人陪它玩耍，它也会围在主人的身边，对主人示好。

原来如此

狗喜欢吃肉，也能吃一些素食，却不能吃巧克力，因为巧克力中的咖啡因和可可碱是它无法消化的。假如误食了，这两种物质会作用于狗的中枢神经和心肌，狗会变得异常兴奋，心跳加快，严重的甚至会死亡。

▼ 宠物狗分为小型犬、中型犬和大型犬。

172 猫虽然不会像狗那样围着主人团团转，但是它凭借自己独特的魅力得到了很多人的青睐。猫有自己的性格，不会因为主人的需求而改变自己的意愿。猫的独立、神秘，甚至横卧时的妩媚，都令人对它心生爱怜。

▲猫的胡须和尾巴都是它生存不可缺少的部分，所以不要剪掉它的胡须，也不要拉扯它的尾巴。

◀仓鼠的两颊有颊囊，非常可爱。

173 仓鼠是一种独居动物，又小又可爱。尤其在进食的时候，仓鼠显得很贪吃，它会利落地将食物塞进颊囊中，直到脸蛋儿被撑得鼓鼓的。

接吻鱼喜欢用
嘴吸允水箱壁
上的藻类。 ▶

174 一些观赏鱼逐渐也成了人们在家饲养的"小宝贝"，接吻鱼便是其中之一。它的性格十分温和，也可以和其他小鱼和平相处。除此之外，接吻鱼还会用带有锯齿的嘴"亲吻"同伴，不过，这可不是为了表达爱意，而是一场严肃的较量。

175 宠物鸟有自己的个性，它不像狗那样温顺，不像猫那样冷漠，它会根据主人的态度做出不同的反应。当主人对它好的时候，它自然会高兴。但是当主人冷落它的时候，它可是会生气的。

鹦鹉、金丝雀、画眉等都是常见的宠物鸟，▶
是鸟中智商比较高的物种，能够与主人进行互动。

176 宠物兔有很多品种，比如垂耳兔、荷兰兔等，乖巧可爱的模样十分惹人喜爱。

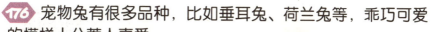

▼荷兰垂耳兔的大耳朵向下垂，圆圆的头和胖乎乎的身体让它看起来就像一团小毛球。

原来如此

兔子没有饱腹的概念，所以喂食的时候要注意控制食量，避免撑到它。

珍稀动物

177 沟齿鼩为高度濒危物种，它长得有点儿像老鼠，生活在地洞中，只有到了夜间才会出来捕食。沟齿鼩最为明显的特征就是它长长的鼻子，那里藏有一排带毒的利齿，威力十足。

▲ 细长又灵活的鼻子能够帮助沟齿鼩
  在细小的裂缝中寻找到美味大餐。

178 穿着黑白礼服的大熊猫是中国的国宝，也是世界上最珍贵的动物之一，已经在地球上生存了至少 800 万年，被誉为"活化石"。令人气愤的是，大熊猫所栖息的山林正在渐渐消失，一些偷猎者对它的"皮衣"虎视眈眈，大熊猫的生存受到了极大的威胁。

▲ 大熊猫以竹子为
  食，性情温顺，
  憨厚可爱。

179 野生的华南虎已经濒临灭绝，现有的华南虎多被保护在动物园中，通过人为介入，逐渐增加幼虎的成活率。

◀ 华南虎仅存在于中国，已经濒临灭绝，
  是中国一级保护动物。

180 白头叶猴被公认为世界上最稀有的猴类，因以树叶为食而得名。白头叶猴的脑袋相对较小，体毛多以黑色为主，但头上那一撮直立的白毛却让它显得十分特别，就像戴了一顶白色的瓜皮小帽。

▲ 白头叶猴常常群体活动，其尾巴的长度远远超过身体的长度。

原来如此

　　在一个白头叶猴的族群里，成年公猴只有一个，它就是这个族群的猴王，其他成员都是成年母猴和未成年的小猴。

什么是植物？

◀ 植物的存活需要养分、阳光和空气。

181 植物是生命的一种形态，在生活中随处可见。鲜花、小草和大树等都是植物，多种多样的植物把地球装扮得美丽多姿。

植物的大部分能源都是经由光合作用从太阳光中得到的，温度、湿度和光线是植物生存的基本要求。

182 无论一种植物生长在哪里，它基本上都是由根、茎、叶、花儿、果实、种子六部分组成的，它们就是植物的六大器官，但也并不是每种植物都能同时具有这六个器官。

◀有的植物可以开花，有的植物不能。

植物长大了

183 即使是参天大树,也是从一粒小小的种子长成的。种子会生根、发芽、长出茎叶,有的还能开花、结果。植物的每一个部分都有独特的功能,对整个植物的成长做出不可磨灭的贡献。

▼ 种子让植物不断繁衍,创造了大自然生生不息的活力。

▼ 根不仅可以让植物稳稳地"站"在土地上,还能从土壤中吸收水分和养料。

◀ 茎将植物撑起来,有些植物的茎还能直接储存养料和水分。

◀ 叶子在阳光下进行光合作用,为植物提供营养,还能释放氧气。

▲ 花儿不仅外形美观，也是传播种子、孕育果实的基地。

▲ 果实是植物生命力的体现，许多植物的种子就藏在果实中。

与此相关 种子与人的生活密切相关，除了生活中我们常见的花生、葵花子等食物以外，一些调料、药品也都来源于种子，如黄芥末。

▲ 豆荚成熟后会自动炸开，将种子弹射出去。

184 植物的宝宝就是种子，植物结出的种子有各种不同的传播方式。如椰子的果实成熟后会掉到水里，它能随水流漂到很远的地方，被冲上岸后会长出新的椰子树；苍耳的种子上有小钩，能钩在小动物身上，传播到远处；豆荚的种子成熟后，会自动炸开，种子像子弹一样弹射到很远的地方；野葡萄的种子被鸟吃掉后，会随粪便排泄到其他地方，并生根发芽。

▲ 蒲公英的种子是借助风力飘走的。

▲ 苍耳的种子则挂在动物身上，随着动物去旅行。

▼ 椰子的种子通过大海漂向远方，然后在沙滩上生根、发芽、长大。

与此相关 种子的形状有很多种，包括肾脏形、圆球形、椭圆形和扁圆形。比如蚕豆的种子就是肾脏形，龙眼的种子为圆球形。

春光无限好

185 每个季节都有不同的"花仙子"守护着，不同的花朵相继在四季开放，无时无刻不向我们展示自然的魅力。春天便是一个百花盛开的季节。

186 迎春花是春天的使者，它开花后，百花才竞相绽放。迎春花对环境的适应能力较强，所以在我国大部分地区都能看见它的身影。

◀ 迎春花也叫金腰带、黄素馨，花朵是金黄色的。

187 玉兰在每年的2~3月开花，花期只有10天左右。玉兰不仅有很高的观赏价值，还有丰富的营养价值，能够食用，或者泡茶饮用。

玉兰起源于中国，已经 ▶
有两千多年的栽培史，
是南方早春季节的重要
观赏植物。

櫻花并不是樱桃花，它结的果实也不是好吃的樱桃，它结的果实叫作樱花果，是不能食用的。

188 樱花一般在每年春天的三四月盛开，它颜色艳丽，带着一股淡淡的香味。除此之外，樱花的树皮和嫩叶经过加工处理可以入药，花瓣还能做成果酱供人们食用。

▲ 每簇樱花通常为 3 朵或 5 朵，花色多为粉红色或白色。

189 桃树是我国传统的园林花木，树态优美，花朵颜色艳丽，是早春重要的赏花树种。桃树是一种很实用的树种。桃子便是我们常吃的水果，桃核能榨油，叶、枝、根可以入药，桃木能够雕刻成艺术品。

◀ 桃花有红、粉红、白等颜色，花瓣分重瓣和半重瓣。

190 杜鹃花有"花中西施"的美誉，与仙客来、山茶花、吊钟海棠和石蜡红并称"盆花五姐妹"。杜鹃花也叫映山红，具有较高的观赏价值。

◀杜鹃花通常春季开花，颜色绚烂，是中国十大传统名花之一。

191 百合有"云裳仙子"的美称，有红、白、黄等颜色，主要用来观赏，部分种类能够入药，有安神、清火、润肺的功效。正常在自然状态下生长的百合一般在4月开花。

百合的花朵好像精致的▶
小铃铛。

192 风信子能像水仙一样进行水培，还可以开出多种颜色的花儿。风信子是早春开花的花卉，喜欢生长在阳光充足，排水和通风都比较好的环境中。

◀风信子有滤尘的作用。

193 丁香是中国的名贵花卉，已经有一千多年的栽种历史。每到春天，一簇簇丁香便会盛开，花香四溢。一些丁香还是配制高级香料的原料，而紫丁香还可以入药。

▼丁香属于灌木或小乔木。

盛夏花儿绽放

194 荷花也被称为"水芙蓉"，原产于亚洲的热带地区和温带地区，后来分布于世界各地。在中国、日本、俄罗斯、印度等地都能看到它的身影。荷花也是印度的国花，代表着圣洁。

▼ 荷花是所有被子植物中起源最早的植物之一。

195 康乃馨有淡淡的香气，有粉红色、白色、红色等。人们经常把康乃馨作为母亲节送给妈妈的礼物，借此向母亲表达健康和美好的心愿。

◀ 很多人喜欢用康乃馨插花，这是因为康乃馨花朵簇生的特点更能点缀出插花的效果。

196 向日葵是长得最高的花儿，因为它总是跟着太阳的方向转动，所以也叫朝阳花。向日葵的种子长在圆圆的花盘里，成熟之后就变成了我们最熟悉的葵花子。向日葵原本是热带植物，因喜温耐寒，所以才被普遍种植。

向日葵 ▲

原来如此

向日葵的生长素分布在背光的花托上，在阳光的照射下，生长素含量升高，背光面细胞拉长，所以就会跟着太阳转了。

197 郁金香被誉为"世界花后"，由此可见它在花儿王国的地位。郁金香有多种颜色，每枝花茎上只有一朵花儿，有单瓣和复瓣之分。

郁金香的花儿含有生物碱，▶ 近距离长时间接触会使人头晕，接触过多会导致脱发。

198 六月雪属于常绿小灌木，花朵为白色或淡红色，有微微的臭气。六月雪并不喜欢强光，但是喜欢在温暖的地方生活，生长能力比较强。

◀ 六月雪枝叶茂密，花朵盛开时就像落了满树的雪花。

199 兰花是一种观赏价值很高的花卉，花色比较淡雅，自古以来被人们当作高洁的象征，与梅、竹、菊并称为"花中四君子"。兰花的叶子常年鲜绿，姿态优美，极像一件艺术品。

▲ 1985年5月，兰花被评为"中国十大名花"。

▲ 石竹的花瓣、根、茎、叶都能入药。

200 石竹的花茎看起来像一节节的竹子，由此得名。石竹的花朵为单瓣或复瓣，模样很像康乃馨，不过比康乃馨要小一些。石竹能吸收一些有害气体，现在在中国各地均有分布。

201 美人蕉的花期比较长，喜欢生活在温暖的地方，不耐寒。美人蕉能吸收二氧化硫、二氧化碳等有害物质，是美化环境的花卉。美人蕉的叶片比较容易受伤害，但恢复速度比较快。

▼ 美人蕉花大色艳。

秋天花儿俏

202 鸡冠花因花形像公鸡的鸡冠而得名，花朵和种子能够入药，茎叶可以食用。鸡冠花有红色、黄色等颜色，通常在 5~8 月开花。

鸡冠花享有"花中之禽"的美誉。▶

203 月季花是一种四季开花的低矮灌木，它的茎上有尖刺，叶子的前端比较尖，带有明显的锯齿。月季花具有很高的观赏价值，被广泛种植于园林或道路旁。

▲ 月季花大多为红色，偶尔有白色。

204 大丽花的品种超过 3 万种，是品种最多的花儿之一。大丽花的花形与花色繁多，观赏性很高。复瓣的大丽花雍容华贵，可以同牡丹媲美，所以又称"天竺牡丹"。

▼ 大丽花的花瓣排列
 得整齐而紧凑。

205 桂花是我国传统的十大名花之一，金桂、银桂、丹桂、月桂等都是桂花。桂花在秋天开放，花香扑鼻，令人陶醉。桂花可做桂花茶、桂花糕，有着淡淡的桂花香气，深受人们喜爱。

◀桂花喜欢阳光，在光照充足的地方枝叶茂盛，花朵繁密。

206 福禄考是一年生的草本植物，喜欢温暖但不炎热的环境。它的花期比较长，通常在5~10月开花，有单色、复色和三色之分。

福禄考花朵密，花色多。▶

207 九月菊一般在农历九月左右开放，由此得名。九月菊层层叠叠的花瓣向上卷曲，花朵硕大，姿态婀娜，是秋天中一道亮丽的风景线。

◀ 九月菊

寒冬花儿飘香

203 梅花的历史悠久，原产于中国的南方，后来也被引种到韩国和日本。它不仅分布广泛，且对于寒冷的温度毫不畏惧，即使在零下15℃的环境里也能悄然绽放。每一朵梅花有5个花瓣，大多为白色或淡粉色。

▼ 梅花的叶子在花儿开后才长出来。

209 水仙是中国最先培育的，属于石蒜科多年生草本植物。水仙在冬季开花，喜欢温暖湿润的环境，所以常作为盆栽放于室内。

水仙的叶子细长，花朵洁白或 ▶
微黄，飘散着幽香。

210 蜡梅也叫金梅、黄梅花，是落叶灌木。蜡梅并不是梅花，因形似梅花而且常与梅花齐开放，所以叫蜡梅。蜡梅耐寒也耐旱，在冬天开放，花朵为黄色，香气四溢。

211 鹤望兰是多年生草本植物，花期在冬季。鹤望兰原产于非洲南部，如今中国也有栽培。它主要分为5种：金色鹤望兰、无叶鹤望兰、白花天堂鸟、邱园鹤望兰、考德塔鹤望兰。

鹤望兰花朵的形状就像一只美 ▶
丽的鸟。

▼ 重庆、金华、温州等
地，都选中了山茶花
为市花。

212 圣诞伽蓝菜也叫长寿花，是多年生肉质草本植物。圣诞伽蓝菜在圣诞节前后开花，小小的花朵簇拥成团，非常美丽。圣诞伽蓝菜原产于非洲马达加斯加，喜欢阳光充足且湿润的环境。

圣诞伽蓝菜小巧玲珑，不开花的 ▶
时候可以赏叶。

213 山茶花是世界名贵花木之一，在中国也是传统的观赏花卉。它比较适合在水分充足、空气湿润的环境下生长。山茶花的颜色多种多样，有红色、白色、粉色、紫色等，不同品种的山茶花花期也不一样，从 10 月到第二年的 4 月一直都有山茶花开放。

214 仙客来是多年生观赏性草本花卉，花朵比较大，颜色丰富，叶子呈心脏形。仙客来具有毒性，误食后会引起呕吐等症状，所以要格外小心，不要误食，尤其是球茎部分。

猪很喜欢吃仙客来的 ▶
块茎，所以仙客来也
叫"猪面包"。

会变魔术的花儿

215 金银花于春夏交替的时候开花，花朵最初是白色的，一两天之后会变成黄色，黄白相间，所以叫"金银花"。

◀ 金银花有清热解毒的功效。

216 嘉兰的花形比较奇特，花期较长，花瓣能够变色。最初花瓣为绿色，第二天花瓣的中间部分变成黄色，尖端变成鲜艳的红色。三天以后，花瓣完全变成鲜红色，就像一团熊熊燃烧的烈火。

嘉兰的花瓣边缘呈波浪状。▶

217 鸳鸯茉莉的花朵最初是蓝紫色的，随着时间一天天过去，花朵逐渐变成白色，所以也被称为"双色茉莉"。鸳鸯茉莉的花香比普通茉莉要浓郁，常被人们用来装饰庭院。

◀ 在同一株鸳鸯茉莉上能同时看到蓝紫色和白色的花儿，所以会出现"一树两色花儿"的景象。

218 八仙花也叫绣球花，原产于中国和日本，喜欢温暖湿润的环境。别看它圆滚滚的，却拥有特殊的才艺——变色。八仙花刚开始绽放时是白色的，后来逐渐转为蓝色或粉红色。

▼ 八仙花虽然美丽，却有毒，不要误食。

夜晚睡觉的植物

219 酢浆草也叫酸味草，山坡、河谷、田边等地都能够生存。酢浆草的花儿有白色、粉色、黄色等，白天盛开，晚上合拢，到了次日天明再次开放。酢浆草是小型的观赏花卉，适合盆栽。

酢浆草不但美丽，还可以入药，但牲畜不可多食。 ▶

220 合欢是一种奇特而美丽的树，奇特之处在于它的叶子只有白天的时候才展开，夜里则会合起来。出现这种现象的原因在于其叶柄基部细胞就像储水袋一样，会根据温度及光线的变化来"放水"或"吸水"。

▲ 合欢叶这种昼开夜合的运动能够维持植物的体温，保护小叶子免受低温损害。

221 睡莲是一种多年水生草本植物，喜欢生活在通风良好、光照充足的地方。睡莲的花朵会在早上绽放，到了夜里闭合，当然，少数热带睡莲除外。它的这种活动就像人到了夜晚需要休息一样，只不过"叫醒"它的是阳光，不是闹钟。

▼ 睡莲的花期长，对环境的适应性比较强，所以常被用来净化水体。

国花

雏菊是意大利的国花，代表着君子风采和天真烂漫。雏菊也叫延命菊，高 10 厘米左右，原产于欧洲。雏菊的花朵娇小玲珑，花期长，耐寒能力强，观赏价值高。

▼ 雏菊的种子很小，多在 9 月播种。

223 木槿花是一种较为常见的庭院花种，它的花朵娇媚鲜艳，不仅可以用来观赏，还能入药、食用。除此之外，木槿花还是韩国的国花，也被称为"无名花"，它的生命力十分顽强，在某种意义上也象征着一种生生不息的民族精神，深受韩国人民喜爱。

▲ 木槿花在北美被称为"沙漠玫瑰"。

224 茉莉花是菲律宾的国花。茉莉花洁白精致，清香四溢，象征着菲律宾人的热情和纯洁。用茉莉花制成的花环，代表着纯真的友谊，菲律宾人会将花环挂在客人的脖子上，以示友好与尊敬。

▲ 茉莉的花儿和叶可入药。

225 蛋黄花是万象之国老挝的代表性花卉。它的外观独具一格，花儿数朵聚生于枝顶，外面是乳白色，中心是鲜黄色，这种配色和鸡蛋十分相像，又名鸡蛋花。除此之外，在中国的西双版纳及东南亚的一些国家，蛋黄花还被佛教寺院定为"五树六花"之一，因而被广泛种植。

蛋黄花具有很强的观赏性。▶

臭臭的花儿

226 大王花既没有根、茎，也没有叶子，只有一朵直径约为1米的大花朵。花朵有5片厚厚的花瓣，散发着一股浓烈的腐臭气味，吸引食腐昆虫来传粉。等到传粉结束，大王花便凋谢了，接下来就是果实成熟的时期。

▽ 大王花一生只开一次花儿。

144

227 巨魔芋的花朵颜色艳丽，却散发出尸臭味儿，气味能传到几百米远，令很多动物不愿意靠近它。苍蝇等喜欢食腐的昆虫会被臭味吸引过来，将卵产在上面，当幼虫发育成熟，就可以帮助巨魔芋传授花粉。

巨魔芋开花的时 ▶
间很短，最多不
过几天。

多肉植物

228 多肉植物就是长得"肉嘟嘟"的植物，因为自身营养器官储水能力较强，所以才显得肥厚多汁。多肉植物的耐旱能力较强，如果根吸收不到水分，体内储存的水分就会被用来维持生命。

229 虹之玉是多年生的肉质草本植物，在春、夏两季生长速度较快。虹之玉原产于墨西哥，比较耐寒，也不怕暴晒，叶子会被阳光晒红，看起来更加可爱。

小巧玲珑的虹之玉。▶

230 桃美人与虹之玉一样，同属于景天科多肉植物。它喜欢温差明显、光照充足的生长环境，这样它的叶片会变成粉红色，看起来就像桃子一样惹人喜爱。

◀桃美人在春、秋两季生长速度较快。

231 生石花是小型多年生的多肉植物，两片肉质肥厚的叶子相对而生。生石花被称为"有生命的石头"，常生长在石砾中，开花的时候就像给大地穿上了一层花衣，不开花的时候恢复"石头"模样。

292 清盛锦是景天科莲花掌属植物。在温差较大且光照充足的环境下，清盛锦的叶片会变成红色，红、黄、绿色在整个植株上都有呈现，看起来鲜艳夺目。但在夏天高温时叶片会干枯掉落，这是它进入休眠状态的表现。

▲ 清盛锦外形秀丽，喜欢日照。

◀ 生石花的表面没有针刺，看起来就像石头，而这样的外在优势能够有效避免被动物吃掉。

寄生植物

299 寄生植物自身不含或只有少量的叶绿素，不能自己制造养分，所以才会选择寄生在其他植物身上，依赖寄主生存。寄生植物会寄生在活的植物上，从寄主身上获得养分和水分，导致寄主逐渐枯死。菟（tù）丝子就是代表性的寄生植物。

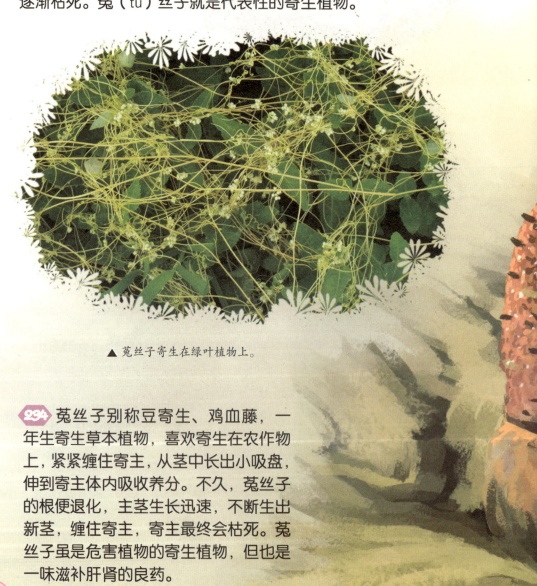

▲ 菟丝子寄生在绿叶植物上。

294 菟丝子别称豆寄生、鸡血藤，一年生寄生草本植物，喜欢寄生在农作物上，紧紧缠住寄主，从茎中长出小吸盘，伸到寄主体内吸收养分。不久，菟丝子的根便退化，主茎生长迅速，不断生出新茎，缠住寄主，寄主最终会枯死。菟丝子虽是危害植物的寄生植物，但也是一味滋补肝肾的良药。

295 肉苁（cōng）蓉是一种寄生植物，也是著名的药用植物，主要生长在中国内蒙古、甘肃等地的沙地中，有"沙漠人参"的美誉。肉苁蓉的寄主有很多，主要寄生在耐旱的梭梭的根上。肉苁蓉具有很高的药用价值和食用价值，由于生长速度较慢，产量少，所以很名贵。

◀ 肉苁蓉

296 锁阳为多年生肉质寄生草本植物，喜欢寄生在白刺的根部，颈部肥大，叶退化成鳞片状，对环境的适应能力比较强。锁阳的花期很短，种子发育的养分来自肉质茎。锁阳能够全草入药，也能被制成糕点。

▼ 锁阳

奇异的植物

▲ 韭莲外观像韭菜，粉红色的花儿像水仙。

237 韭莲也叫"风雨花",因喜欢在暴风雨来临前怒放而得别名,这种奇怪的小花能感知天气变化。韭莲的鳞茎中有一种能够控制花开的激素,当暴风雨来临前,气温升高,气压降低,刺激开花激素猛增,所以韭莲才会开放。

238 炸弹树主要生活在南美洲亚马孙河流域,果皮坚硬,果实成熟会自动爆裂,有些外壳"碎片"甚至能够飞出20多米远,杀伤力非常大。由于这种树存在一定的危险性,人们一般都不敢将房屋建在它的附近,过路的行人也都离它远远的。在南美洲地区,炸弹树花朵的授粉都是由蝙蝠完成的。

▲ 炸弹树的果实大小和柚子差不多,果皮十分坚硬。

239 蚬木的年轮纹理一边窄,一边宽,与蚬壳纹理相似,由此得名。蚬木是一种"钢铁"木材,即使是尖锐的钉子也钉不进它的树干。蚬木多生长在石灰岩山地,吸收了钙质矿物,加上生长速度十分缓慢,纹理致密,造就了它坚硬如铁的特质。

▲ 蚬木的材质坚硬,色泽红润,耐腐蚀,不易变形,属优质木材。

240 含羞草是一种会"害羞"的植物，它的叶子能够对光和热产生反应，外力碰触便会闭合，所以得名含羞草。含羞草的"害羞"特性也是一种自卫方式，动物碰到它后，看见叶子合拢便不敢吃它了。含羞草虽然有很好的观赏价值，但如果过度触碰会引起毛发脱落等症状，所以还是不要让它经常"害羞"了。

◀ 含羞草的花儿、叶、荚、果均具有较好的观赏效果。

241 卷柏被称为"九死还魂草"，因为它的生命力极强，即使成为干草，遇水也能成活。天气干旱时，它会将根自动与土壤分离，随风移动，遇到有水的地方便将根扎进土里。卷柏的这种本领令它顽强地生存下来。

卷柏是一种喜欢水的植物，所以它的一生都在寻找水。▶

▼ 舞草为直立小灌木，各枝叶柄上长有3枚清秀的叶片，顶生小叶。

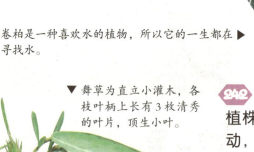

242 舞草是一种会"跳舞"的草，植株上的小叶子能做上下起伏运动，即使在夜里，依然会转动，只是速度会慢一些。光照和声波振动是影响舞草舞姿的原因，声波振动越大，光照越强，舞草的小叶子运动幅度就越大。优美的舞姿为它赢得不少赞美。

152

243 香樟树四季常青，枝叶秀美，能散发香气。香樟树不仅可以驱虫，还有净化空气的能力，从香樟树中提取的樟脑和樟油，具有药用价值和经济价值。

▲ 生活在有香樟树的环境中能够让人身体健康。

244 侧柏是中国特有的树种，它的生长速度缓慢，但寿命极长。其木质非常细致并带有一股香气，抗腐蚀性极强。侧柏外观看似普通，却身藏"毒液"，它的树干和叶子可让人畜中毒，导致恶心、呕吐和腹痛等症状。

◀ 侧柏的叶子短小而平整，整齐地叠靠在树枝上，被称为鳞叶。

245 曼陀罗是一年生草本植物，花朵呈漏斗状，颜色为白色、粉色和紫色等。曼陀罗全株有毒，种子毒性最大。如果误食曼陀罗，短时间内便会有中毒症状出现，应及时就医。

▼ 白色曼陀罗

246 夹竹桃虽然拥有极强的生命力和繁殖能力，但整株都含有剧毒。人如果不小心喝到夹竹桃泡过的水，或者吃到它的果实和种子，都会引起中毒反应，比如头痛、恶心、呕吐等，严重的话还会昏迷，所以夹竹桃也是一种危险的植物。

▼ 夹竹桃是一种观赏植物，
开着红色的花朵。

247 铃兰也叫风铃草，植株较小，有乳白、粉红等颜色，可供观赏。秋天的时候，铃兰会结一种暗红色的浆果，颜色十分娇艳诱人，但是有毒。

◀ 铃兰的花朵很像风铃，向下低垂，看起来清新可爱。

248 相思子也被称为"相思豆"，生长于中国南方。相思子中含有相思豆毒蛋白，这种蛋白的毒性十分强。别看它个头儿不大，一粒种子就足以致人死亡。

▲ 相思子的外形呈椭圆形，上部三分之二为朱红色，下部三分之一为黑色。

249 箭毒木主要分布在赤道附近国家和地区的雨林中，中国的云南、海南、广东、广西等地都有箭毒木的身影。箭毒木是世界上毒性最大的乔木，被称为"毒木之王"。箭毒木乳白色的汁液中含有剧毒，这种毒汁能让人肌肉松弛，血液凝固，最后心脏停止跳动。如果这种毒汁不小心溅到眼睛里，会使人瞬间失明。

▲ 箭毒木高25~40米，有乳白色的树液。

250 罂粟是一年生草本植物，花型花色多样，颜色鲜艳，花儿开后叶子便会脱落。罂粟的果实含有乳白色浆液，经过加工即为鸦片。从罂粟中还可以提炼出多种镇静剂，如吗啡、可卡因等，可以入药，有止痛催眠的作用。根据中国相关的法律规定，严禁非法种植罂粟，如有发现，可报警处理。

▼ 罂粟花是一种观赏性很高的植物。

251 生长在澳大利亚东北部、摩鹿加群岛和印度尼西亚的金皮树，是被公认为"最毒"的树木之一。除了根部，金皮树的茎部、果实、树叶，几乎长满了像针头一样的小毛刺，若是无意间碰到了金皮树，这些小毛刺就会穿过肌肤，释放毒素。对任何生物来说，金皮树都存在致命的威胁。

▲ 金皮树的心形叶片长满毛刺。

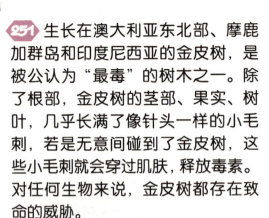

252 飞燕草的花朵别致，像一只只燕子，惹人喜爱，但飞燕草是剧毒植物，误食可致病或致死。飞燕草全株可入药，能够治疗牙痛等病症；茎叶可以用来做农药，能够杀虫。

◀ 形态优雅的飞燕草。

253 文珠兰是多年生球根草本花卉，叶片较宽大，前端尖，好似一把利剑。文珠兰多在夏、秋两季开花，花朵有 6 片花瓣，向四周展开，花香四溢，深受人们喜爱。文珠兰有毒，一旦误食，会引起腹痛、腹泻、发烧等症状。

▲ 文珠兰尽情地展示着自己妩媚动人的身姿。

254 南天竹是常绿植物，夏季开花后结出红色的果实，植株优美，常被用于园林绿化。南天竹全株有毒，误食会引起肌肉痉挛、兴奋、昏迷等症状。

▼ 南天竹结出诱人的红色果实。

古董植物

◀ 水杉对于古地理、古植物等领域有重要的研究价值。

255 水杉有"活化石"之称，因为它从白垩纪时期就存活在世上了。过去，人们以为它已经灭绝，后来在中国四川发现了幸存的水杉，树龄约为 400 年，接着又在湖北发现了水杉林。

▼ 苏铁是一种珍贵的植物。

256 苏铁在三叠纪时期就已经出现了，是一种古老的植物，那时被子植物还没有出现，作为裸子植物的苏铁蓬勃生长。苏铁的树干非常坚硬，所以又被称为"铁树"。

▲ 珙桐是世界上珍
贵的观赏植物。

257 珙桐的花形似白鸽，所以也被称为"鸽子花树"，是中国特
有的树种。珙桐出现在上千万年以前，是中国国家一级保护植物。

神秘的植物

昙花的花期短暂，仅有几小时，在这短短的时间内完成开放、闭合、枯萎的过程，所以有"昙花一现"的说法。

▲ 昙花在晚上开花，能避免强光暴晒，减少水分流失。

258 昙花是附生肉质灌木，夜间开花，故有"月下美人"的称号。夜深人静的时候，昙花缓缓绽放，熟睡的人们还没来得及看到它美丽的身姿，它便枯萎了。这种神秘的开花习性令人们对它更加好奇。

259 无花果是一种开花植物，之所以叫作无花果，是因为它是隐头花序，花很隐蔽，藏在果子里面，只是人们看不见而已。一些小昆虫被甜味吸引，从果子顶端的小孔钻进去为它授粉。

▲ 无花果枝叶繁茂，具有观赏价值。

龙血树是比较珍贵的树种，▶
生长速度十分缓慢。

260 龙血树在受伤后会流出一种红色液体，这并不是血液，而是树脂，是一种比较名贵的中药，名为"血竭""麒麟竭"，有缓解筋骨疼痛、活血的疗效，在《本草纲目》中被赞为"活血圣药"。

▲ 葡萄藤与柱子或树干紧紧"抱"在一起，即使挂上重物也不会轻易被拉下来。

261 葡萄藤上面有一些卷曲的"小手"，能在空中旋转，幅度非常小，人的肉眼是看不见的。"小手"一旦碰到柱子之类的物体，便会缠绕，牢牢抓紧，然后一点儿一点儿向上爬去。

262 爬山虎的枝上有卷须，顶端具有黏性吸盘，无论遇到树木还是墙壁，均能吸附在上面，不断向上攀爬。绿绿的叶子将整面墙体覆盖，显得生机勃勃。

▲ 爬山虎在夏天能开出黄绿色的小花儿，看起来更美了。

263 牵牛花是一年生缠绕草本植物，花朵形似喇叭，因此也叫喇叭花。牵牛花的品种有很多，花朵颜色也不同，有紫色、粉色、蓝色等。牵牛花为了获得更多的阳光和空间，会沿着依附物按照同一个方向不断向上攀爬。

▲ 牵牛花与矮牵牛不是同一种植物，矮牵牛是多年生草本植物。

264 紫藤属于落叶攀缘缠绕性大藤本植物，耐寒耐湿，环境适应能力强，中国南、北方均有栽培。紫藤的生长速度较快，缠绕能力非常强，甚至能够绞杀其他植物。

▲ 紫藤花为紫色或深紫色，倒垂下来就像花仙子的长发。

刺球植物

265 仙人掌喜欢强光照射，生命力极强，在干旱的沙漠中依然能生存，被誉为"沙漠英雄花"。仙人掌的种类共有2000多种，包括蟹爪仙人掌、团扇仙人掌等。

部分仙人掌低糖、高钾，▶ 可以食用。

266 板栗长在树上，被一层毛茸茸的刺壳包裹着。板栗营养丰富，矿物质和维生素的含量都很高，加上口感甘甜可口，所以深受人们喜爱。

◀板栗也叫栗子，原产于中国。

267 仙人球一般生长在干燥、高热的地方。仙人球呈球形，俗称"草球"，具有吸尘、净化空气的作用。仙人球的花儿生在刺丛中，常在清晨或傍晚开放，花期不长，短则几小时，多则几天。

▼ 仙人球的茎、花儿、刺均具有观赏性。

贪吃的植物

268 捕蝇草是多年生草本植物，原产于北美洲。它的茎很短，在叶子顶端有捕虫夹，能够分泌蜜汁诱惑小虫。当有猎物闯入时，捕虫夹迅速闭合，并快速消化吸收猎物为它带来的营养。

▲ 捕蝇草已经成为最受欢迎的食虫植物，人们将它放在家中，既可以观赏又可以捕虫。

269 瓶子草有很多种，形状也不同，有壶状、管状、喇叭状等，所以被统称为"瓶子草"。它那"美丽的瓶子"对小虫来说具有致命的诱惑力，一旦上当便无法脱身。

瓶子草瓶状的叶子是诱捕昆虫的利器。▶

270 茅膏菜在食虫植物家族中算得上一大类，形状各异，分布广泛。茅膏菜的叶片上布满了腺毛，每条腺毛的末端都有晶莹的胶状液滴，看起来像蜜，深受一些昆虫喜爱。昆虫碰触到液滴的时候，便会被黏住，同时，黏液会堵住昆虫身侧的毛孔，导致其无法呼吸，而没有被触碰的腺毛会向昆虫聚拢，进而整个叶片将昆虫裹住，来一个致命的拥抱。

▲ 茅膏菜腺毛末端晶莹的胶状滴液对很多昆虫来说是致命的陷阱。

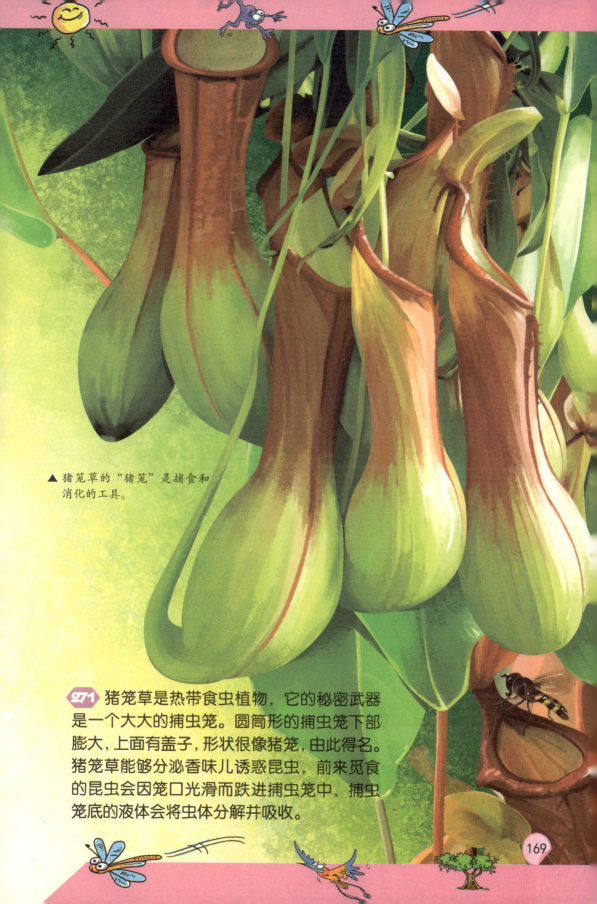

▲ 猪笼草的"猪笼"是捕食和
消化的工具。

271 猪笼草是热带食虫植物，它的秘密武器
是一个大大的捕虫笼。圆筒形的捕虫笼下部
膨大，上面有盖子，形状很像猪笼，由此得名。
猪笼草能够分泌香味儿诱惑昆虫，前来觅食
的昆虫会因笼口光滑而跌进捕虫笼中，捕虫
笼底的液体会将虫体分解并吸收。

谁的刺更尖？

272 沙棘属落叶性灌木，生命力顽强，常被用于水土保持。沙棘的茎上有棘刺，摘取沙棘果实的时候要小心，避免被刺扎到。沙棘是一种药食同源的植物，尤其果实营养丰富，维生素等含量均很高。

◀沙棘的果实被广泛应用到食品、药品等众多领域，并取得了很好的效果。

170

273 造刺树原产于日本，最大的特点便是浑身上下长满利刺，树龄越高，刺的分布就越密集。而树木集群成长，便形成了一面"刺儿墙"，即使手拿斧锯，也极难穿过。将这种树木广泛播种于果园周围，就变成了独特的防风林。所以，造刺树也被称为"果园保护神"。

▲ 造刺树

274 玫瑰的茎上有针刺，叶子的边缘也有小刺，花朵美丽。玫瑰喜欢生活在日照充足的地方，花香色艳，能够从中提取出玫瑰油。玫瑰油气味芳香，在香料产业具有不可替代的地位，价格昂贵，贵于黄金，因此被称为"液体黄金"。

▲ 玫瑰花被称为"爱情之花"，象征着美丽与爱情。

275 虎刺梅也叫铁海棠，属于蔓生灌木，原产于非洲。虎刺梅的茎多分枝，密生着又尖又硬的刺，突显出凛然的个性。

与此相关 在欧洲，玫瑰、蔷薇和月季都是同一个词语，三者同属蔷薇属。而我们通常会将三者从茎、花儿、叶等部位区分开来。

▲ 虎刺梅的刺很尖锐。

全身都是宝

276 荷花全身都是宝，荷叶、花儿等都能入药，莲子和藕能食用。自古以来中国人民就将莲子视为高级营养品，荷叶、荷花等也是深受人们欢迎的药膳食品。

▲荷花的花朵中间是莲蓬，莲蓬里面有莲子。

277 乌桕（jiù）也被称为"蜡烛树"，因为它的种子外皮是制造蜡烛、香皂的原料，经济价值极高。乌桕的种子能榨油，制作油墨、油漆；木材纹理细致，是雕刻、制造家具的材料；叶子能够做成黑色染料；根和皮能治毒蛇咬伤。

▲乌桕的叶子在秋天十分美丽，可与枫叶媲美。

278 桑树的树干能够打造家具，枝条可以用来编织，果实桑葚可以食用，也可以入药，最有用处的应该是它的叶子了。食用桑叶能够祛风散热，还能起到润肺的效果。桑叶还能用来养蚕，蚕吐出的丝是丝绸制品的原材料，所以在中国，桑树自古以来就有重要的地位。

▲ 桑葚是桑树成熟了的果实，不仅可以直接食用，还能泡酒和入药。

▼ 酸角具有观赏价值和食用价值。

279 酸角也叫罗望子，浑身是宝。酸角的木材可以制船和家具；树叶能够食用，可以做成沙拉；酸角花是很好的蜜源；酸角能够直接食用，也能做成调味品和饮料等；酸角种仁中含琥珀酸，是上等食用油的原料。

植物王国之最

280 王莲是世界上水生植物中叶片最大的植物，直径达 3 米以上。王莲叶子上面的叶脉就像伞架一样支撑着它，使整片叶子具有很大的浮力，六七十千克重的人站在上面也不会下沉。

▲ 王莲巨大的叶子像一个大大的绿盘子浮在水面上。

281 微萍有三个世界之最：最小的有花植物、花儿最小、果实最小。微萍并没有根，它漂浮在水面上，小得就像一粒砂，需要借助显微镜才能一睹它的芳容。

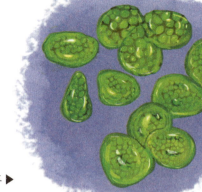

显微镜下的微萍▶

282 海椰子拥有最大的果实。海椰子也叫复椰子，是非洲东部印度洋中塞舌尔群岛上特有的植物，整棵树体积庞大，被称为"树中之象"，大大的树叶像极了大象的耳朵。海椰子的果实长相奇特，最重可达 30 千克，被称为"最重量级椰子"。

▲ 海椰子的果实形状很像长在一起的两个椰子。

283 千岁兰以拥有最长寿的叶子著称，又称"百岁兰""千岁叶"，据测最长寿的植株已经活了 2000 多年。千岁兰的两片真叶自出生后便终生跟随它，宽大的叶子能吸收水分。两片叶子在地上不断磨损，经过风吹雨打，叶片也被撕成许多条，看起来就像章鱼。

▲ 千岁兰与海椰子、巨魔芋并称"世界三大珍稀濒危植物"。

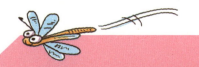

284 杏仁桉是世界上最高的树，一般高达 100 米以上，高耸入云。杏仁桉树干笔直，枝叶密集，但树叶与普通叶子不同，叶的侧面朝上，与阳光投射方向是平行的，所以在这种巨树下面是没有什么树荫可以乘凉的。

◀ 杏仁桉树叶的这种奇怪的长法是为了减少阳光直射面，从而降低水分蒸发量。

285 美国加利福尼亚的巨杉，长得又高又壮，是树木中的"巨人"，所以也被称为"世界爷"。这种树一般高 100 米左右，树干十分粗壮，需要二十几个成年人才能抱住它。人们若是从树干下凿一个洞，可以容纳汽车穿过。即使将树锯倒，人们也要用长梯子才能爬到树干上去。

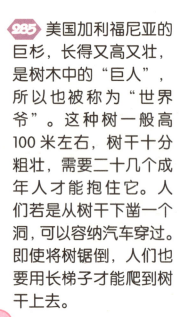

▲ 巨杉的树干非常粗壮，横截面大到可以做个小型舞台。

286 世界上最矮的树是矮柳，高不超过5厘米。如果将矮柳与杏仁桉相比，杏仁桉的高度相当于矮柳的近 15000 倍。矮柳低矮是因为受到恶劣环境的影响，空气稀薄，温度低，矮小的身材才能够适应这样的环境。

▲ 矮柳生长在高山冻土带，茎几乎是伏在地面上的，发芽抽枝以后便长出了像柳树一样的花序。

287 听到轻木这个名字，相信你已经能猜出它是世界上最轻的树木。轻木长在南美洲的热带雨林中，是木棉科轻木属植物。每立方厘米的轻木重 0.1 克，真的是太轻了！轻木生长速度快，体内细胞组织更新换代的速度也快，所以使得轻木轻柔，富有弹性。

轻木质地轻便又牢固，能隔音、隔 ▶
热，常被用于特殊领域，如航空、
航海等。制作飞机模型也常用轻木。

▲ 坚硬无比的铁桦木。

288 铁桦树的木质比钢铁还坚硬，是目前世界上最坚硬的木材，人们常用它来做金属的替代品。铁桦木比钢材还要硬的特质使它成为制作滚球和轴承的绝佳材料。

289 短命菊无疑是种子植物中寿命最短的，仅能活三四个星期。短命菊生长在干旱的沙漠中，只要有雨水，便会抓住机会发芽、开花儿、结果，然后就面临着枯萎。

短命菊的舌状花排列在头 ▶
状花序周围，像锯齿一样。

290 喷瓜原产于欧洲南部，是最有力气的果实，就像大黄瓜，"脾气"很暴躁。喷瓜成熟后，包裹着种子的多浆质组织变成黏性液体充斥在其内部，只要稍受触动便会炸开，将种子喷射出十几米远，所以也被称为"铁炮瓜"。

▼ 喷瓜喷出的黏液有毒，所以最好不要碰触。

怪模怪样

991 鹿花菌也叫河豚菌，生长在针叶林沙质土壤，很多时候生长在松树下或杨树下。鹿花菌的菌盖很像大脑的形状，有毒性，食用没有经过处理的鹿花菌会引起中毒，产生腹泻、头昏、呕吐等症状，严重的会昏迷甚至死亡。经过正确处理后的鹿花菌是一种美食，但不宜过多食用。

▲ 鹿花菌

992 罗马花椰菜就是我们俗称的青宝塔，是一种可食用的花椰菜。罗马花椰菜跟普通的花椰菜有所不同，它的花球表面是由许多螺旋状的小花儿组成的，小花儿以花球中心为对称轴有规律地进行排列，成了著名的几何模型，吸引了很多数学家进行研究。

▲ 罗马花椰菜是一种难得的蔬菜，口感丰富。

原来如此

　　热唇草的"红唇"并不是它的花朵，而是它的苞叶。苞叶是生长在花下的变态叶，对花朵和果实起到保护的作用，还能够吸引昆虫授粉。

293 热唇草生长在热带丛林中，苞叶酷似火热的双唇，由此得名。苞叶鲜红的颜色能够吸引蜂鸟和其他昆虫前来授粉，因为它的花朵既没有香味也没有蜜，只能依赖"双唇"诱惑它们了。

▼热唇草的花朵恰好长在"双唇"中间，看起来更显妖娆。

花儿朵朵香

294 茉莉花的观赏性很高，放于室内，满室清香。茉莉花可以做成茉莉花茶，也可以从中提取茉莉油，是制造香精的原料。茉莉的花儿和叶能够入药，可以化痰止咳。

▲ 茉莉花为白色，看起来清新淡雅。

295 十里香花如其名，花香飘远，号称香气飘得最远的花儿，原产于中国云南省昆明市的十里铺。十里香的叶芽为黄绿色，产量高，是制作绿茶的好原料，有"一杯十里香，满屋皆飘香"的美誉。

▲ 十里香是一种白色的野蔷薇，叶呈椭圆或披针形。

296 栀子花也叫栀子，原产于中国，喜欢生长在阳光充足的环境里。栀子花的叶子四季常青，花朵洁白，清丽可爱，散发出来的花香令人陶醉。栀子花可用于绿化，也可做成盆栽供人观赏。

297 夜来香于夜间绽放，传出阵阵幽香，有驱蚊的效果。夜来香生命力旺盛，根系发达，枝条纤细，多被种在庭院和池塘周围，花儿、叶、果均可入药，能够治疗结膜炎。

▲ 夜来香能开出黄绿色、吊钟形的小花儿。

栀子花洁白可爱。▶

胎生植物

298 有些植物也利用胎生的方式繁衍生息。这些植物的种子成熟后并不会离开母体，而是吸收母体的营养进而发芽生长，在母体上发育一段时间后才离开母体。热带海边成片生长的红树就是胎生植物的代表。

▲ 红树成片生长在海岸泥滩上，在潮起潮落时巩固着岸边的泥沙，因此它被称为"海岸卫士"。

◀ 落入水中的红树胎苗在短短几小时内就能长出新的根，嫩绿的茎和叶也随之长出，慢慢地就能长成新的红树。

▲ 红树的根部生有很多支柱根和呼吸根，支柱根协助红树在淤泥中支撑浓密的树冠，呼吸根为土中的根系提供生长所需的氧气和水分。

299 红树在每年的春、秋两季各开一次花儿，花儿谢后结出果实，一棵树结出的果实多达 300 多个。红树的果实并不是圆圆的，而是细长的，长约 20 厘米，每个果实中都含有一粒种子。红树的胎苗长到 30 厘米时就会脱离母树，利用重力作用扎入海滩的淤泥之中。

与此相关 红树林中还包含一些其他的红树科植物，如木榄、桐花树、水笔仔、白榄、水柳等。

蕨类植物

900 蕨类植物的叶型包括大叶型和小叶型两类。小叶型是单叶，没有叶柄和叶隙，叶片细小，叶脉单一；大叶型则有叶柄、叶隙，叶脉分支较多。蕨类植物中只有石松和卷柏是小叶型，其他的都是大叶型。

◀ 石松也叫伸筋草，是一种名贵的药材，具有祛风除湿、通经活络、消肿止痛的功效。

鹿角蕨因叶子的外形与鹿角十分相似而得名，是一种珍奇的观赏性蕨类。 ▶

901 蕨类植物是介于苔藓植物和种子植物之间的一个类群，它们也有根、茎、叶的结构，但不能开花，靠孢子繁殖延续。蕨类植物需要潮湿的生长环境，叶色翠绿，姿态动人。蕨菜是一种常见的蕨类植物，叶由地下茎上长出，幼叶卷曲，上面长着细小的绒毛，长大后伸展开来，叶片形状为三角形。

▼ 蕨菜是一种有毒的植物，但还没有伸展开的嫩芽是可以食用的，口感清香润滑。蕨菜的根茎富含淀粉，可以用来酿酒。

原来如此

　　蕨类植物为工、农业生产提供了重要的原料，如石松可作为冶金工业上的脱模剂，满江红可作为稻田的生物肥。

美容好帮手

902 芦荟是一种多年生草本植物，肥厚多汁的叶子呈绿色，边缘有细小的锯齿。叶片长 14~40 厘米，厚约 1.5 厘米。芦荟是天然的美容佳品，含有丰富的维生素及人体肌肤所必需的氨基酸和一些矿物质，具有去油保湿、消除各种斑点的功效。

▲ 除了用作观赏植物和美容佳品外，芦荟还可以作为中药使用，具有清热消火的功效。

903 黄瓜原名胡瓜，是汉朝时张骞出使西域带回来的。黄瓜中含有丰富的维生素 C 和维生素 E，多吃黄瓜有益于身体健康。不仅如此，新鲜黄瓜中含有的黄瓜酶能有效地促进新陈代谢，扩张皮肤的毛细血管，促进血液循环，有效对抗皮肤衰老。

904 仙人掌是多年生肉质多浆草本植物，这种植物的茎肉质化，呈柱状或扁平状，有关节和分枝，茎上还密生着刺或钩毛。仙人掌也是一种简单易得的美容佳品，将仙人掌的汁液涂抹在脸上，具有美白补水的功效。

▼ 仙人掌喜欢阳光照射，耐炎热、干旱，生命力顽强，常见于沙漠、戈壁等气候干燥的环境中。

与此相关 桑叶也是一种好用又便宜的美容护肤品，它对色斑也有很好的治疗作用，这是因为桑叶中含有丰富的铜元素。

油料植物

▲ 芝麻有黑白之分，黑的叫黑芝麻，白的叫白芝麻。

905 芝麻是一年生草本植物，原产于印度，古代称为"胡麻"，种子有黑白两色。芝麻的种子能直接食用，也能榨油，还能入药。芝麻是中国重要的油料作物，榨取的油有香油、麻油等，生、熟两用。

906 油菜原产于中国。黄色的油菜花在盛开时是一道亮丽的风景线。花朵凋零以后，油菜籽用来榨油。菜籽油中多含芥酸，人体所需的脂肪酸含量较低，所以营养价值相对较低，但是菜籽油在人体中的消化率极高。

我们说的油菜是多个物种的 ▶ 统称，如芥菜型油菜、白菜型油菜等。

▼ 葵花子油中不含芥酸，是一种营养价值较高的食用油。

907 葵花子是向日葵的果实，富含多种维生素、不饱和脂肪酸和微量元素等，既能作为一种休闲食品食用，还能用来榨油。葵花子生食能促进血液循环，熟食容易上火，不宜多食。食用葵花子油能清除体内废物、降血脂等。

190

908 花生本名落花生，是一种坚果。花生果实中含有蛋白质、糖、脂肪、多种维生素、矿物质、氨基酸等，食用有促进大脑发育、增强记忆力的作用。花生果实能够榨油，气味芳香，可以食用。

▼ 花生的生长季节较长，需要温暖的气候，雨量适中的沙质土地最适合它生长。

原来如此

花生具有很高的营养价值，含丰富的脂肪和蛋白质。但肠胃虚弱的人，不宜将花生与黄瓜、螃蟹一起食用，容易腹泻。

▼ 油橄榄椭圆形的小果子结成一簇一簇的，未成熟时呈青绿色，成熟后就变成了蓝黑色。

909 油橄榄是油料兼果用树种，属于重要的经济林木，主要分布在地中海地区。由新鲜的油橄榄果实直接冷榨而成的橄榄油，没有经过加热和化学手段处理，保留了天然的营养成分，被誉为"液体黄金"，是医学界公认的最有益于人体健康的食用油。

910 大豆原产于中国，种植历史悠久，种植范围普遍，其中中国东北地区的大豆质量最好。大豆的种子富含植物蛋白质，营养价值高，被称为"绿色牛乳"。大豆被用于做豆制品、酿造酱油和榨油，广受人们欢迎。

911 油茶树主要生长在中国南方亚热带地区的丘陵地带，产量不多，是木本油料之一，是中国特有的纯天然高级油料。它的种子能榨出茶油供人们食用。茶油颜色清亮，气味香，营养丰富，除了用来食用外，还能作为润滑油使用。茶油中的不饱和脂肪酸含量高于豆油和花生油，维生素 E 含量比橄榄油高出一倍，被誉为"东方橄榄油"。

▲ 油茶树的果子是球形或卵圆形的。

912 棕榈油是油棕树的果实棕榈果压榨而成的油，与菜籽油和大豆油合称"世界三大植物油"。棕榈果的果仁和果肉能产出两种不同的油，即棕榈仁油和棕榈油。

▼ 玉米胚芽油在烹调中油烟少，适合煎炸和大火烹炒食物。

913 玉米胚芽油是从玉米胚芽中提炼的油，玉米胚芽的脂肪约占玉米脂肪总量的80%，富含多种维生素及不饱和脂肪酸，对防止动脉硬化有辅助作用。玉米胚芽油中不含胆固醇，并且对人体血液内的胆固醇有溶解作用，能够预防一些疾病。

可食用菌菇

314 茶树菇生长在温暖湿润的高山和密林中，多寄生在茶树的根上和茎干上。茶树菇富含氨基酸，经常食用还可以补肾健脾、治疗腰痛。

▼ 茶树菇的菌盖是平展的圆形，表皮的颜色为暗褐色，菌肉为白色。

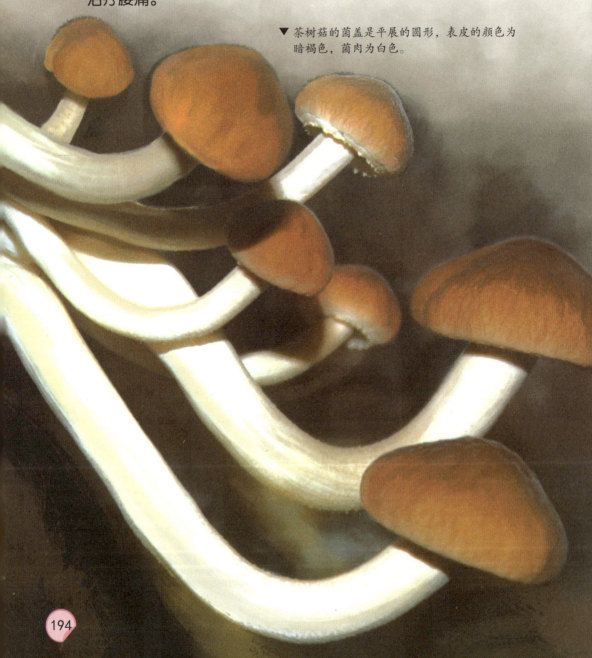

915 香菇多生长在阔叶树的倒木上，也叫花菇，是人们经常食用的一种菌。它的表皮呈褐色，内部呈白色。成熟的香菇菌盖会裂开，我们可以闻到它的香味儿。

▲ 香菇的表皮多为褐色，菌盖为伞状。

916 平菇是一种对人体有益的蘑菇，蛋白质和氨基酸含量非常高，能够提高人体的免疫力和新陈代谢能力。

▲ 成熟的平菇柄较粗，菌盖重叠在一起。

917 金针菇与其他的蘑菇长得有些不同，它的柄部细长，菌盖较小，全身都是白色的，通常丛生在腐烂的木桩上或树根上。金针菇营养丰富，深受人们喜爱。

金针菇常成束生长在一起。▶

药用植物

918 许多花草树木都是珍贵的药材，具有神奇的治疗效果。人参自古以来就被视为延年益寿、起死回生的神草，药用价值极高。现代医学证明，人参具有提高人体免疫力、强心、调节血压、促进思维活力、改善记忆力等功效。

▲ 人参是多年生宿根草本植物，主根一般长30~60厘米，肥厚短粗，颜色为黄白色，形状为圆柱形或纺锤形，并生有须状分枝。

919 连翘自古以来就被当作药物使用，能治疗感冒发烧、咽喉肿痛、急性肾炎，还具有强心、止吐、利尿、抗菌等功效。连翘一般高约3米，枝干丛生，叶子对生，边缘有细小的锯齿。连翘喜欢阳光充足、气候湿润的生长环境，如山坡灌木丛、草丛或山谷、山沟的树林中。

▲ 连翘花色金黄，每年早春三月开花，花朵散发出淡淡的幽香。

920 灵芝是拥有数千年药用历史的中国传统珍贵药材。它是一种坚硬的大型真菌，菌盖呈肾形，也有一些品种呈半圆形或近圆形，菌柄呈圆柱形，长度在 7~15 厘米之间。灵芝一般生长在湿度较高且光线昏暗的山林中，在腐树或树木的根部能看见它的身影。

▼ 灵芝菌盖的颜色一般为红褐色或紫红色，色泽光亮，上面还生有辐射状的皱纹。

饭桌上的植物

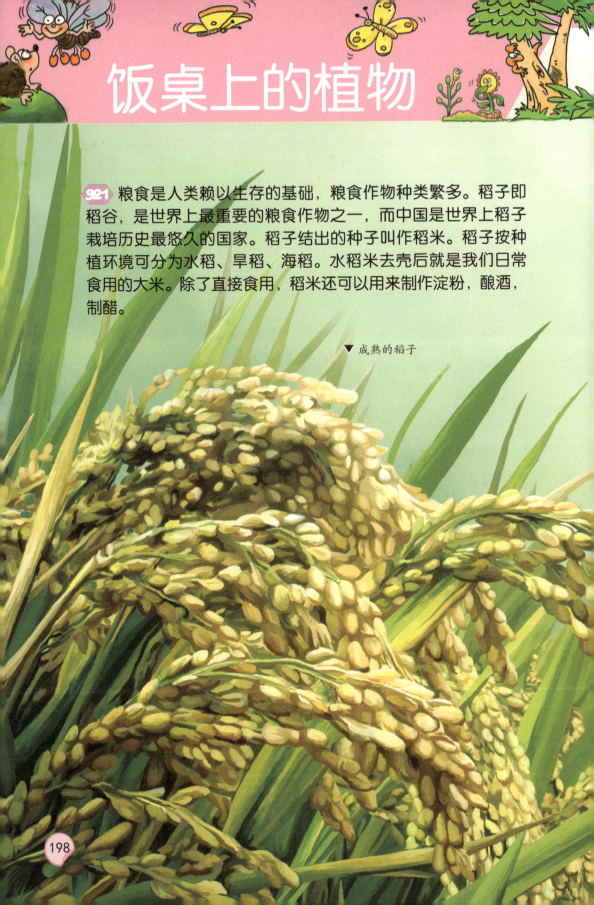

321 粮食是人类赖以生存的基础，粮食作物种类繁多。稻子即稻谷，是世界上最重要的粮食作物之一，而中国是世界上稻子栽培历史最悠久的国家。稻子结出的种子叫作稻米。稻子按种植环境可分为水稻、旱稻、海稻。水稻米去壳后就是我们日常食用的大米。除了直接食用，稻米还可以用来制作淀粉，酿酒，制醋。

▼ 成熟的稻子

922 小麦是世界上种植最广泛的粮食作物之一，富含淀粉，营养丰富，种子磨成面粉后可以制作面包、馒头、面条等食物，发酵后还能制成啤酒、白酒等。小麦几乎全部用作食物，仅有很小一部分作为饲料使用。

923 玉米也称为棒子、苞米、苞谷等，营养丰富，可以做成各种美味的食物，经常食用玉米能有效地预防心脑血管疾病、癌症、高血压等。玉米一般有黄玉米、白玉米、糯玉米和杂玉米四类，此外，还有黑玉米、红玉米等。

▲ 小麦主要生长在温带、暖温带地区，麦穗的顶端都长有长长的麦芒。

924 红薯又称地瓜，因为良好的适应性和高产量而得到普遍种植。红薯中含有丰富的糖类、维生素。除了块根可以食用，它的茎尖、嫩叶、叶柄还可以作为蔬菜食用。红薯原产于中南美洲地区，明朝时传入中国，是中国主要的粮食作物之一。

红薯可以用来制糖、▶
酿酒。

营养丰富的蔬菜

▼ 白菜

925 蔬菜中含有丰富的维生素、矿物质，以及碳水化合物、蛋白质等，是我们日常生活中必不可少的食材。大白菜质地柔嫩，味道清香适口，有"菜中之王"的美称，是秋、冬季节深受人们喜爱的家常蔬菜。秋、冬季节多食用大白菜能有效地预防感冒。

▲ 胡萝卜

926 作为蔬菜，胡萝卜可供食用的部分是呈圆锥状的肉质根，它的颜色多为黄色或橙红色，含有丰富的胡萝卜素、糖类、淀粉及维生素等营养物质，口感香甜清脆。现代医学证明，胡萝卜是一种营养丰富的上等蔬菜。儿童多吃胡萝卜，有利于身体的发育和骨骼的生长。

927 茄子是一年生草本植物，又称为落苏、昆仑瓜，是一种被广泛栽培的大众化蔬菜。茄子的可食用部分为果实，颜色多为紫色，有的也呈绿色，营养丰富，含有丰富的蛋白质和其他蔬菜少有的维生素 P，多食用能增强身体的免疫力。

◀ 茄子

928 西红柿是一种深受人们喜爱的果蔬，口感细腻，酸甜可口，汁多味美，营养丰富。西红柿既可以生吃，也可以用来烹调菜肴，还具有很高的药用价值，因此被誉为"金苹果"。西红柿最早生长在南美洲茂盛的森林里，因太过艳丽诱人，人们担心它有毒，所以称其为"狼桃"。

与此相关 蔬菜可以分为很多种，包括根类蔬菜、叶类蔬菜、茎类蔬菜、花类蔬菜和果类蔬菜，它们都是我们生活中不可缺少的。

成熟的西红柿艳丽 ▶
诱人。

929 水果是指多汁而且大多具有甘甜味道的、可以直接生吃的植物果实。世界各地无论春夏秋冬，都有水果供应给人们食用。水果不仅色泽鲜美，香甜可口，而且含有丰富的葡萄糖、维生素和矿物质等营养物质。

930 多数水果具有降血压、减缓衰老、减肥瘦身、保养皮肤、明目护眼、抗癌排毒、降低胆固醇等保健作用。如多吃西瓜、梨等可以降血压，苹果具有减肥和保养皮肤的功效，柠檬可以明目和抗癌。不过，水果也不是吃得越多越好，含糖量较高的水果吃多了可能对心脏不利，过多食用性寒的水果会出现腹胀、胃寒等不良症状。

苹果是重要的温带水果，也是人们爱吃的传▶
统水果。它色、香、味俱佳，既可以鲜食，
也可以制成果干、果酱、果汁等。

香蕉是著名的热带水果，质地柔软，味美芳▼
香，营养价值高，含有丰富的蛋白质、脂肪、
淀粉和维生素。

桃子色彩艳丽，汁多▶
味美，营养丰富，富
含大量的有机酸、蛋
白质、维生素等，素
有"桃养人"的美誉。

▼ 西瓜呈圆形或椭圆形，果皮为绿色并带有花纹。果瓤脆嫩多汁，颜色有深红、淡红、黄、白等。它是清凉消暑的必备果品。

果树飘香

391 果树是能提供可食用的果实的树木的统称。以杏树为例，它属于落叶乔木，树冠呈圆形，成熟的杏树树干上覆盖着一层粗糙的外皮，顺着外皮纵向看去，还有些稀疏的裂纹。杏花也会变魔术，含苞待放时，朵朵艳红，随着花瓣的伸展，色彩由浓渐渐转淡，到谢落时就成雪白一片。

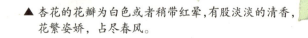

▲ 杏花的花瓣为白色或者稍带红晕，有股淡淡的清香，花繁姿娇，占尽春风。

杏花不仅漂亮，结出的果▶实也酸甜可口，具有一定的营养价值。杏含有较多的糖、蛋白质与多种维生素及矿物质，对身体大有裨益。杏仁可以止咳平喘，还可以用来榨油或是制成食品。但是未经处理的苦杏仁不宜生吃。

204

▲ 杏树的叶子似圆形又像心形，叶的边缘还带有小小的锯齿。树皮在幼时比较光滑，随着树龄的增长，树皮就变得越来越粗糙。

与此相关　果树主要可以分成木本落叶果树、木本常绿果树和多年生草本果树三大类。除了能结出鲜美的果实，许多果树的木材还是工业生产、建房筑屋、加工艺术品的优良材料。

▲ 杏树原产于中国新疆，是中国最古老的栽培果树之一。它的适应性极强，喜欢温暖的气候,但同时也能够耐旱、抗寒，寿命可达百年以上。

酸酸的食物

332 酸味儿能给人以爽快、刺激的感觉，生活中有很多食物都是酸味儿的。柑橘的果实在秋天成熟，形状为扁圆形，颜色多为红色或橙黄色，口感酸甜各异。柑橘营养丰富，含有丰富的果酸、维生素C和糖分，可以鲜食。它榨成的果汁也是人们喜爱的饮品。

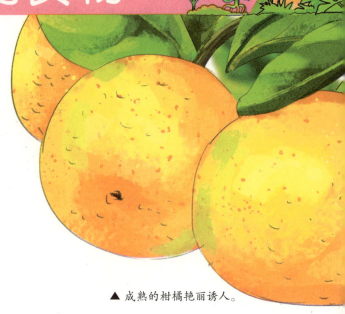

▲ 成熟的柑橘艳丽诱人。

333 猕猴桃是一种中国特有的水果，主要产于秦岭、大别山和长江以南地区。猕猴桃虽然长得很丑，但味道清香酸甜，含有多种维生素和糖类，营养价值极高，被誉为"水果之王""保健水果""美容水果"。

◀ 猕猴桃果实呈卵圆形，表皮为黄褐色，并长满了小绒毛，果肉多呈亮绿色，生有一排黑色或红色的种子。

与此相关 酸味儿食物既可以帮助消化，促进营养的吸收，还具有一定的杀菌解毒功效。

◀ 成熟的山楂

394 山楂也称红果、山里红，山楂的花期是 5~6 月，果期是 9~10 月。山楂在秋季成熟，颜色深红，有浅色斑点，内部有 3~5 枚小核，味道较酸，含有丰富的维生素 C、胡萝卜素、钙、铁等营养物质。山楂既可以鲜食，也可以制成果脯、山楂糕、山楂糖等。

995 甜味儿能给人以幸福美好的感觉，是最受人们喜爱的味道。甜味儿的水果有草莓、哈密瓜、李子，等等。

◀草莓是多年生的草本植物，果实外观呈心形，色泽鲜艳，呈鲜红色，果肉柔软多汁，酸甜适中，营养丰富，色、香、味俱佳，广受大众的喜爱。

哈密瓜主要产于▶中国新疆地区，形状多为椭圆形，瓜皮颜色多样，有黄色、绿色、白色和杂色，并生有斑纹。哈密瓜的果肉呈乳白、橙黄或橘红色，口感软硬适中，汁多味香，让人回味无穷。

与此相关 甜味儿食物有益气补血、消除疲劳、解毒生津的功效，但吃甜食过多也会伤害脾胃，容易引起肥胖和诱发心血管疾病。

▲ 李子品种繁多，颜色各异，有红、黄、青、紫等颜色。果实在夏、秋季节成熟，饱满圆润，玲珑剔透，口味甘甜，深受人们喜爱。

396 甘蔗是一种生长在热带和亚热带地区的草本植物，按用途可分为果蔗和糖蔗。茎干呈直立的圆柱形，颜色有紫色、红色或黄绿色等，表面有一层蜡粉。甘蔗口感甘甜，含有丰富的糖分、水分，以及对人体新陈代谢有益的各种维生素、脂肪、蛋白质、钙、铁等营养物质。

▲ 甘蔗

▲ 在天气炎热的夏季吃一些苦瓜，能清暑泻火，解燥除烦。

997 苦瓜因味道苦而得名，是葫芦科一年生攀缘植物。苦瓜的果实呈纺锤形、短圆锥形或长圆锥形，表面布满条状或瘤状突起。苦瓜主要作为蔬菜食用，也可以入药，具有清热解毒的功效。

998 芹菜是一种被普遍种植的绿色蔬菜之一，它的根、茎、叶都可以食用，尤其是茎叶部分，香味儿浓郁，吃起来略带苦味儿，营养丰富，既是极佳的家常蔬菜，还具有一定的药理和食疗价值。多吃芹菜叶能预防高血压、动脉硬化等疾病。

▲ 芹菜本身带有浓郁的香味儿，所以又被称为"香芹"。

与此相关 苦味儿食物具有清热泻火、降气解毒的功效，但也不宜多吃，尤其是脾胃虚弱者更要谨慎食用。

▼ 苦苣

999 苦苣一般生长在山坡或是山谷中，近水处或是平地田间也能够看到它的身影。医学上对苦苣也做了很多的研究，别看它的味道有些苦，但其具有消炎解毒的作用。除此之外，它还可以预防疾病，提高身体免疫力。

辣辣的食物

940 辣味儿能给人以辛辣、刺痛、灼热的感觉，具有增进食欲、促进人体消化液分泌的功能。辣椒的形状多样，有长角、椭圆、扁圆和纺锤形，颜色有红色、绿色、黄色等。辣椒中含有辣椒素和辣红素，既可以用来调味，还具有健胃、除湿、促进血液循环的作用。

941 葱和大蒜是百合科宿根草本植物，它们都是人们常吃的重要调味蔬菜。葱的茎是由叶鞘组成的，称为葱白。葱白和绿色的嫩叶都可以食用。大蒜的嫩叶蒜苗、蒜薹和地下茎都可以食用。葱里含有的一种挥发油和大蒜里含有的大蒜素都具有杀菌、抑菌的作用。

▼ 在中国，葱有大葱和小葱之分，一般北方多使用大葱做配菜，南方则使用小葱做配菜。无论大葱小葱，都给人们的生活增添了许多美味。

▼ 与其他辣椒不同，柿子椒一般不辣，它也是人们常吃的一种蔬菜。

与此相关

韭菜也是一种辛辣的食物，几乎全年都能在市场上见到这种食物。韭菜的食用部分是颜色翠绿的叶片，它口感清香鲜美且含有较多的营养物质，尤其是纤维素、维生素C等。

▼ 大蒜除了是生活中必不可少的蔬菜，还是一味良药。

▼ 辣椒原产于南美洲热带地区，是茄科一年生草本植物。

213

香料植物

942 薄荷是一种有经济价值的芳香植物，生长在较湿润的环境中。薄荷全株芳香，叶子可以生吃泡茶，也能够药用。除此之外，薄荷也可以用作调味品或香料，还能够榨汁服用。

▲ 薄荷能够提神醒脑，薄荷叶可以冲茶饮用。

943 罗勒是一种味道独特的香料植物，全株小巧，花艳叶翠，芳香四溢，惧寒。罗勒的花儿、茎、叶均有八角茴香味儿，是药、食两用的香料植物，能活血、解毒、祛湿等。罗勒在西餐中比较常用，与番茄是绝配，风味独特。

▼ 罗勒的花朵呈多层塔状，故又名九层塔。

944 紫苏也叫白苏，是香草类植物，有特异的芳香气味，用于烹制菜肴，味道美妙。紫苏原产于中国，已经有近2000年的种植历史，主要用于香料、药物等方面，具有很高的经济价值。

▲ 苏叶、苏梗、苏子均可入药，嫩叶能生食。

▲ 茴香的果实

945 茴香也叫小茴香，是重要的香料植物，果实与叶具有特殊香气，嫩叶能做包子、饺子的馅料食用，果实多用作香料，有增香去腥的作用，还可用于药膳，有止痛的作用。从茴香果实和茎叶中提取的精油用途广泛，不仅是香精原料，还有防腐功能，用于腌制食品。

原来如此

从罗勒中提取的精油，有极强的杀菌作用，纯精油甚至能够达到99%的杀菌率。它也是调香原料，常被添加到化妆品、食用香精、牙膏等商品中。

◀ 八角茴香是重要
的调味香料。

946 八角树的树皮为深灰色，枝比较密集，叶子不整齐，花朵呈粉红色，是一种经济作物。种子与果实既能入药也能作为调料使用，叶子、果皮中含有芳香油，是化妆品、食品工业的重要原料之一。我们熟悉的八角是八角树的果实，也称大茴香、大料，是五香粉的主要原料。

▲ 桂皮

947 桂皮就是桂树的皮，也叫肉桂、香桂，药食两用，是最早被使用的香料之一。桂皮在中国南方地区比较多产，如中国广东、浙江、福建、四川等地，能从中提取桂皮油，是食品工业的重要香料。桂皮香气馥郁，能够去腥解腻，从而令人食欲大增。

948 丁香也叫公丁香，是丁香的花蕾。花蕾最初是白色的，慢慢变成绿色，最终变为红色的时候便可以采集了。花蕾晒干后得到的就是烹饪中常用的香料——丁香。丁香常用在卤、煨、蒸、煮等菜肴中，味道浓郁，但不可多用。

▲ 丁香的香味儿浓，刺舌也麻舌，所以不宜多用。

949 花椒又名川椒，果实有绿豆般大小，果皮能作为调料使用，有除腥的作用。花椒的果皮还能提炼芳香油，也能入药。花椒在川菜中比较常用，能够促进唾液分泌，从而起到增加食欲的作用，多用于菜肴的炒、煮、烧、卤等。

▼ 花椒

饮料植物

350 茶、可可、咖啡堪称当今世界三大无酒精饮料。自然清香的茶、口感醇香的咖啡和味道浓郁的可可各有特点，受到不同人士的偏爱。中国是茶文化的发源地，拉丁美洲的咖啡产量最高，而非洲是可可的最大产区。

351 中国茶文化博大精深，已经有几千年的历史。茶树比较喜欢湿润的气候，所以在中国南方广泛栽培。茶树的叶子能够制成茶叶，经过冲泡即可饮用。茶树树龄三年就可以采摘叶子，通常在清明前后采摘嫩芽，用来制茶，质量上乘。

▲ 茶可分为绿茶、红茶、白茶等，制作工艺和原材料都是不同的，喝起来的口感也不同。

352 茶的主要成分有茶多酚、咖啡因和维生素等，对人身体有益，但每个季节喝的茶是不同的。春季适合喝花茶，花茶性温，可以驱除体内寒气；夏季适合喝绿茶，绿茶有解热消暑的功能；秋季适合喝青茶，能够润肺生津；冬季适合喝红茶，能生热健体。

▲ 咖啡树的果实成熟了。

353 咖啡树是多年生的经济作物，野生的咖啡树长得很高，但是庄园里种植的咖啡树就会被修剪得矮些，这样能增加产量，也方便采收。咖啡树的每颗果实里面都有两颗种子，叫作咖啡豆。咖啡豆是制作咖啡的原材料。

354 可可树原产于热带美洲，它的果实经过发酵和烘焙后可以制成可可粉。可可豆是做饮料和巧克力的重要原料，味道浓郁。可可最初是不被认可的，在发现可可粉和巧克力成为运动员的能量补充剂后，人们便称可可树为"神粮树"。

▲ 可可豆不仅能做巧克力和可可粉，还能提炼出可可脂，即一种天然的、具有淡淡巧克力味道的食用油脂。

变废为宝

355 玫瑰油成分纯净，气味芳香，一直是世界香料工业不可取代的原料，在欧洲多用于制造高级香水等化妆品。从玫瑰油废料中开发抽取的玫瑰水，因其不加任何添加剂和化学原料，是纯天然护肤品，具有极好的抗衰老和止痒作用。此外，玫瑰的根皮可作为绢丝等物的黄色染料。

956 藤编工艺外形美观，又独具一格。可是构成它们的原材料十分简单，只是藤类植物茎干的表皮和芯。云南腾冲人会利用藤条来编制藤椅等日常的工具，他们的工艺十分精巧，品种也各具特色，深受人们的喜爱。

▲ 根雕是一种独特的工艺品，一般用来装饰家居或收藏。

957 根雕是以树根为原材料加工而成的艺术品，有着漫长的发展历史。在战国时期，中国就已经拥有较为出色的根雕作品。一些随着岁月老去或是死掉的树木，也可以作为制作根雕的原材料，它们不会因为老去而变成深埋泥土中的废弃物，而是在根雕师傅的手中绽放出不一样的光彩。

保卫大自然

958 自然界让人不得不叹服的一点就是为人类提供了生存所需要的所有资源。我们从大自然中索取食物、工具等一切事物，而其中种类最丰富、为我们提供最多资源的，当然是多种多样、千奇百怪的植物。

959 有了植物和森林的庇护，地球才能安然地运转，我们才不至于生存在一片荒芜的沙漠中，才能够有水喝，有食物吃，有适宜的温度生活。就连动物王国中凶猛的动物之王，也是因为地球上有了植物才能够生存下来。

960 自然界中的动物和植物作为可以被人类利用的资源，并不是取之不尽用之不竭的，所以我们要遵从自然的规律适当地利用，并在利用的同时对它们加以保护，这样人和自然的关系才会和谐美好地发展下去。

▲ 植物改善大自然的环境，释放氧气，还能提供热能和食物，所以它们是地球家园必不可少的一部分。

与此相关 植物几乎覆盖了世界各地，草原、高山、森林，甚至海洋和极地都有植物生存。

图书在版编目（CIP）数据

动物植物的360个奥秘 / 稚子文化编绘. -- 长春：
吉林出版集团股份有限公司，2019.1（2023.6重印）
（大开眼界系列百科 ：高清手绘版）
ISBN 978-7-5581-4392 2

Ⅰ．①动… Ⅱ．①稚… Ⅲ．①动物—少儿读物②植物
—少儿读物 Ⅳ．①Q95-49②Q94-49

中国版本图书馆CIP数据核字（2018）第254156号

大开眼界系列百科 高清手绘版

DONGWU ZHIWU DE 360 GE AOMI

动物植物的360个奥秘

作　　者：	稚子文化
出版策划：	崔文辉
项目统筹：	郝秋月
选题策划：	姜婷婷
责任编辑：	王　妍
出　　版：	吉林出版集团股份有限公司（www.jlpg.cn）
	（长春市福祉大路5788号，邮政编码：130118）
发　　行：	吉林出版集团译文图书经营有限公司
	（http://shop34896900.taobao.com）
电　　话：	总编办 0431-81629909　营销部 0431-81629880/81629881
印　　刷：	北京兴星伟业印刷有限公司
开　　本：	720mm×1000mm 1/16
印　　张：	14
字　　数：	175千字
版　　次：	2019年1月第1版
印　　次：	2023年6月第4次印刷
书　　号：	ISBN 978-7-5581-4392-2
定　　价：	39.80元

印装错误请与承印厂联系　电话：13701154758